科學大全

在想像的世界裡

沒有不可能！

作者 VAIENCE

監修 今泉忠明 榎戶輝揚

插畫 安樂雅志

翻譯 劉姍珊

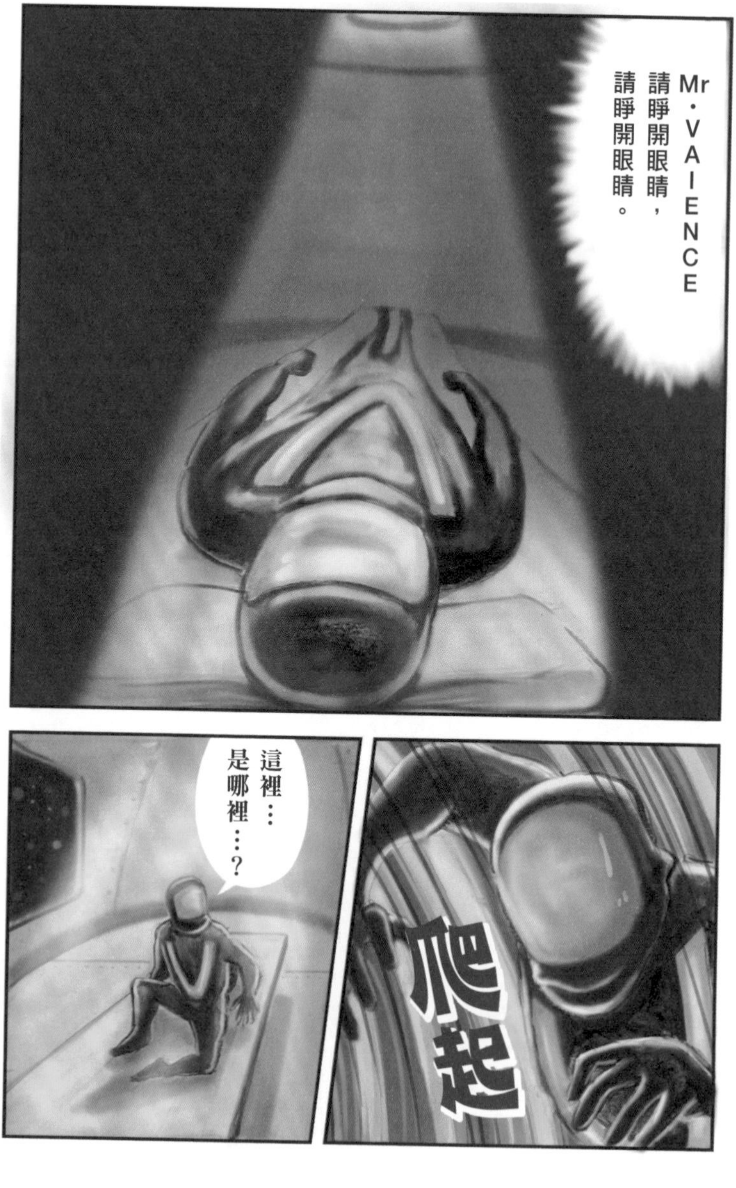
Mr・VAIENCE
請睜開眼睛，
請睜開眼睛。
爬起
這裡…
是哪裡…？

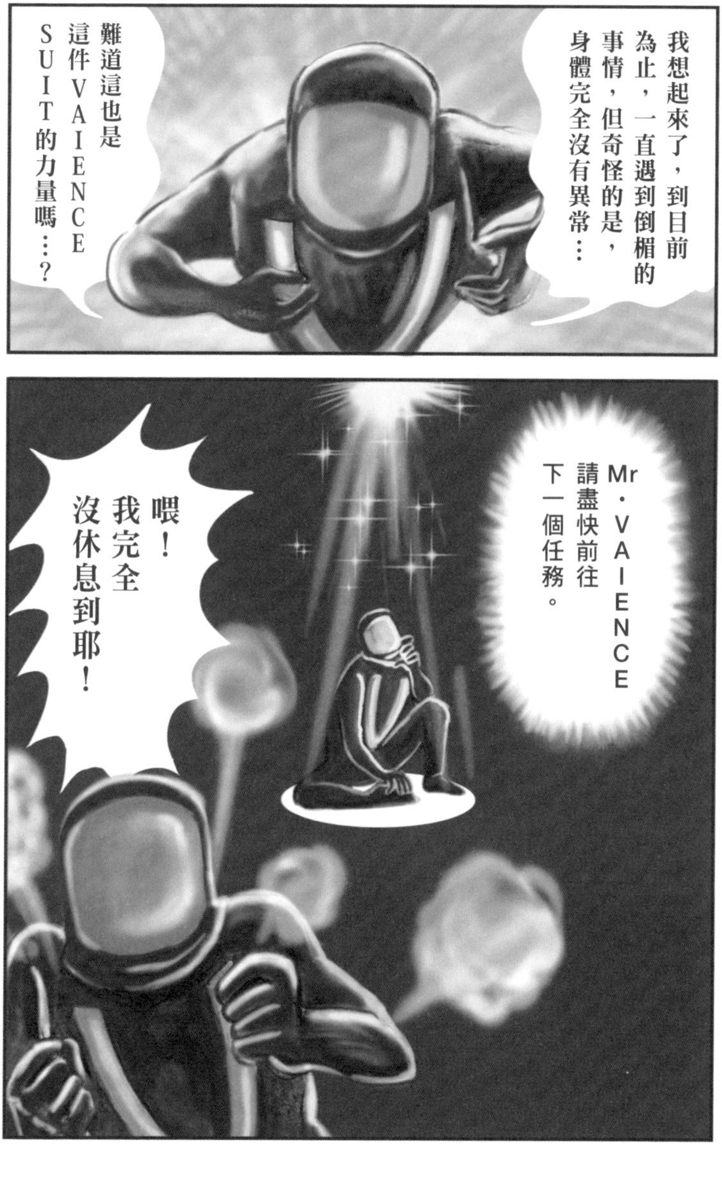
我想起來了，到目前為止，一直遇到倒楣的事情，但奇怪的是，身體完全沒有異常…
難道這也是這件VAIENCE SUIT的力量嗎…？
Mr・VAIENCE請盡快前往下一個任務。
喂！我完全沒休息到耶！

喔？那樣的話請把VAIENCE SUIT還給我。
只要可以做實驗任何人你都可以嗎？
我就這麼不重要嗎？
隨你怎麼想，在這個宇宙時間可是很珍貴的。
唔……不可以逃跑！
不可以逃跑！不可以逃跑！
不可以逃跑！不可以逃跑！
握拳

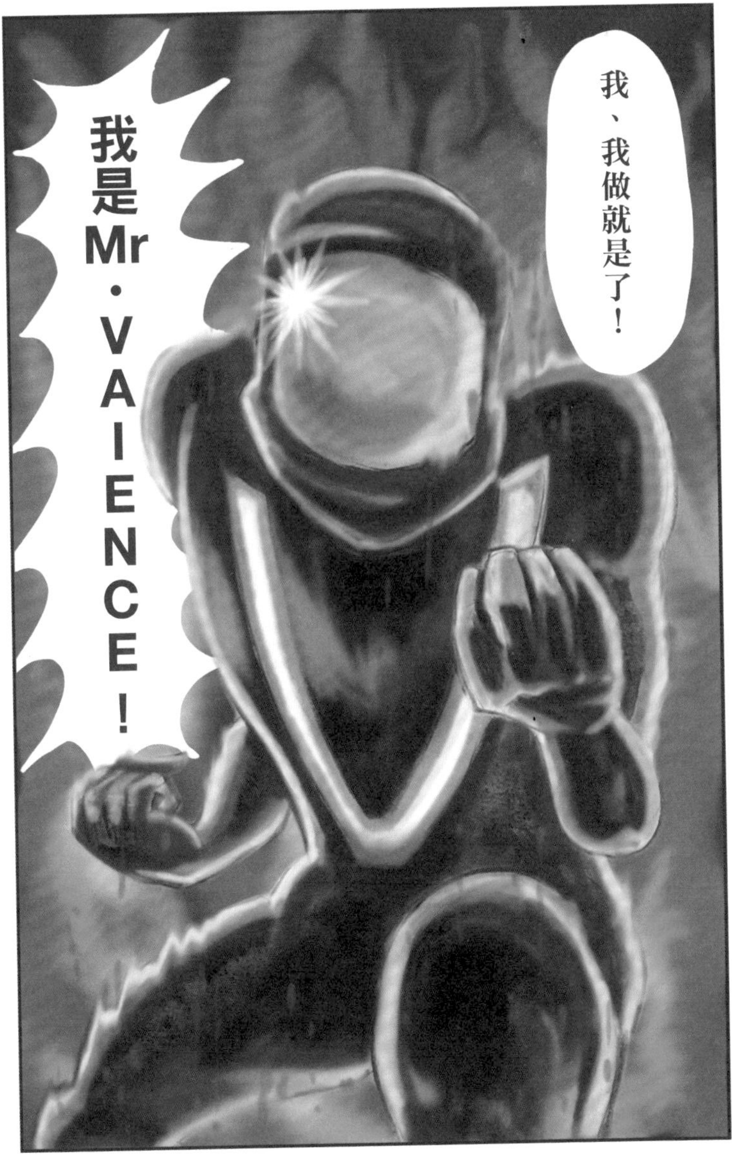
我、我做就是了！
我是Mr・VAIENCE！

前言

大家好，能夠在這裡與勇敢的各位相遇是我的榮幸。

在廣大的宇宙中，存在著許多危險的星球和有趣的生物現象。

「如果掉到木星上會發生什麼事情？」

「如果被鯨魚吞下肚會發生什麼事情？」

你們人類一定至少幻想過一次這樣的情況。

這次，為了滿足您的好奇心，
Mr.・VAIENCE將穿著特殊套裝「VAIENCE SUIT」，
幫助各為模擬體驗各種「幻想」。

請儘管放心。
無論遇到多麼可怕的事情，
只要有這套VAIENCE SUIT就不會有事。
至少可以保住性命……大概吧。

第3章 地球幻想

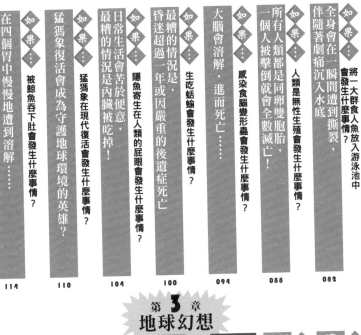

第4章 人類幻想

給各位讀者的話

◆本書是一本「幻想科學」讀本，以科學作為基礎來回答使用「如果」為開頭的假設問題。不建議在現實生活中模仿嘗試。

◆Mr.VAIENCE在挑戰各種「如果」時，都會穿著超級套裝「VAIENCE SUIT」。這套衣服可以保護Mr.VAIENCE的身體免於傷害，幫助他從危險中存活下來，例如掉到太陽上、核燃料池中等。

◆每個假設問題都標有「幻想等級」，意即實際可能發生的程度，總共分為1～5級。但請絕對不要模仿書裡的動作。

STAFF

插畫　安楽雅志
文字　イデモトユズル、鈴木諒、大湊一昭
設計　西垂水 敦、市川さつき(krran)
DTP　オフィス・ストラーダ
編輯　宮本香菜、今野晃子(KADOKAWA)

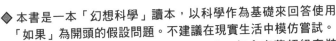

第1章

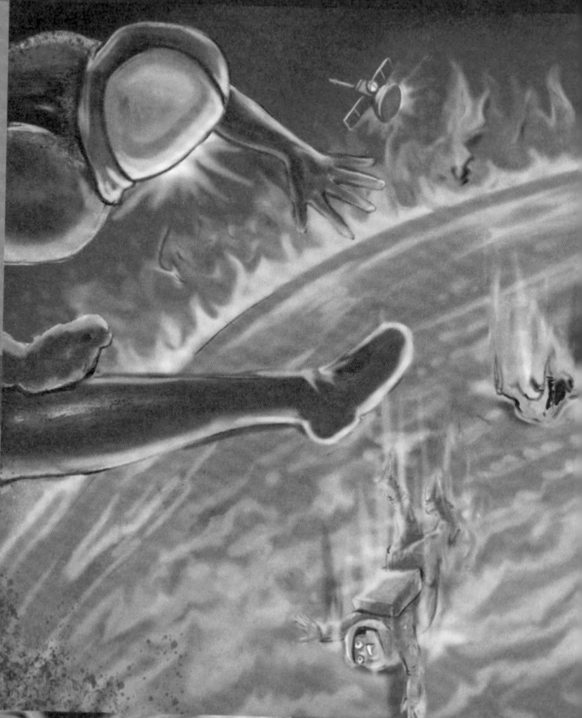

宇宙幻想

在浩瀚宇宙中，人的存在微乎其微。讓我們跟著本章一起，解開大家好奇的「宇宙幻想」吧！

掉到木星上會發生什麼事情？

幻想等級

從超低溫到超高溫，在高壓環境中持續下降

一般認為，木星是太陽系中最大最古老的行星。木星的質量是地球的三百倍以上，對地球來說，木星或許可被稱為是守護神，因為其巨大的體積和重力，擋住飛向地

球的小行星和彗星，使地球免於受到傷害。另一方面，**木星同時也是破壞神，它會發射出致命的輻射，發射範圍涵蓋周圍數十萬公里，而且其表面風速每小時超過一百公尺。**

像這樣擁有兩種面向的木星，其內部究竟是長什麼樣子呢？由於木星表面覆蓋著厚厚的雲層，我們對其內部的構造並不是那麼了解，但只要試著跳下去一次看看，應該很快就能知道吧？相信充滿好奇心的你，一定很想墜落到木星上吧？

人體必定會變成肉球
在超高溫、超高壓的環境下墜落

不幸的是，在肉體開始墜落之前，**你就會因為木星周圍的強力輻射當場死亡。**木星周圍有一個名為輻射帶的區域，裡面有許多受到木星強力磁場捕獲並帶有電力的高能量粒子飛來飛去。接下來，就讓我們穿著可以應付輻射線的VAIENCE SUIT墜落到木星上！身為讀者的你，手上當然會有一套VAIENCE SUIT吧？

像木星這種氣態行星沒有固體的表面，所以一般將壓力達到一大氣壓的高度視為表面。我們的旅程從這裡開始，距離目的地木星的中心，大約是七萬公里。首先映入眼簾的是以氫和氦為主要成分的大氣，以及漂浮在其中的雲，這些雲由氨凝結成的冰粒所組成。**溫度極低，約為零下一百四十五度，墜落中的身體則會被風速超過一百公尺的暴風吹向各個方向。**

但這才剛進入地獄。溫度和壓力會隨下降高度而上升，在下降到五十公里時，壓力為五大氣壓，溫度為零度；下降到一百五十公里時，壓力為二十二大氣壓，溫度為一百五十度。一九九五年NASA用來研究木星的太空飛行器伽利略號探測器[※1]，就是在這個高度遭到破壞。接下來，環境更惡劣，在下降到一千公里時，氣壓會上升到五千大氣壓，溫度則高達兩千度，且風速依舊保持在一百公尺以上。

※1 伽利略號探測器：NASA在一九八九年發射的木星探測器。

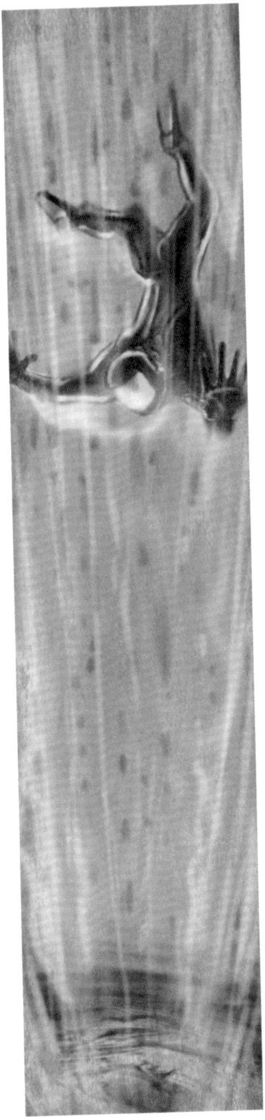

如果沒有穿VAIENCE SUIT，**身體就會像是個被壓扁的烤焦肉球。**不過，到這裡為止，大概才到旅程的七十分之一而已，各位應該不會沒出息到在這裡放棄吧？

遇到在地球上難得一見的超稀有物質——金屬氫

如果進一步往下墜落，周圍的氫就會因為高壓力，形成液體和氣體性質趨於一致的超臨界流體狀態※2。而且在墜落到大約一萬公里處，或許還能觀察到氦從氫海中像雨水一樣分離出來並往下掉落的樣子。在一百萬大氣壓、六千度的世界裡，物質會展現出在地球上想像不到的樣子。

其中最具代表性的是墜落到一萬五千公里處的存在。在達到兩百五十萬大氣壓、一萬度的區域中，**由於過高的壓力，電子會脫離氫的原子核，像金屬一樣在原子核內自由移**

※2 超臨界流體（Supercritical fluid）：物質在超過臨界點的溫度和壓力下的狀態。當物質的溫度和壓力超過臨界點後，就會達成液體與氣體性質趨於一致的狀態。

動。一般認為，墜落前讓人體感到痛苦的木星強力磁場，是氫在名為金屬氫※3的狀態下進行對流運動後所產生的。金屬氫也被稱為是「高壓物理學的聖杯」，是地球上的科學家們不斷追求的物質。換句話說，你可以在受到VAIENCE SUIT的保護下，墜入傳說中的金屬氫海，真的是相當寶貴的經驗。

木星上有著大量的鑽石？

說到寶貴，各位是否知道**木星的大氣中可能存在著大量的鑽石呢？**因為木星大氣中的強烈暴風引起雷擊後造成影響，導致含有碳的物質分離成原子，比氫還要重的碳下沉到大氣的底部，最後可能在高溫和壓力之下形成鑽石。成為鑽石的碳元素，也會慢慢地從大氣中往下掉落。

與鑽石一起墜落想必是一個非常夢幻的景象，但遺憾的是，我們很快就得和這個旅伴分別。當墜落到距離木星的中心約三萬五千公里，也就是這趟旅程的一半時，氣壓會達到一千萬，**由於過高的溫度和壓力，鑽石會融化成液體。**在木星內部的環境中，就連鑽石也不是永恆的。

在到了差不多該與鑽石告別的高度後，周圍的環境發生變化。金屬氫中的部分岩石、鐵及鎳等重元素開始混合，這些元素試圖隱藏的是木星的地核。就像周圍的金屬氫慢慢地溶解出

※3　金屬氫：氫擁有金屬性質的狀態。

地核的物質一樣，正在墜落的你可能也感受到重元素的比例在逐漸增加。

目前尚未得知為什麼木星的地核會形成這樣的狀態，就算套用現有的行星形成理論也無法重現。一部分的科學家認為，木星在形成的初期階段，可能曾與質量是地球十倍左右的行星發生過正面的衝撞。根據這個說法，**木星的地核因為碰撞而受到干擾，即使經歷了四十六億年，直至今日也依然沒有完全地穩定下來。**

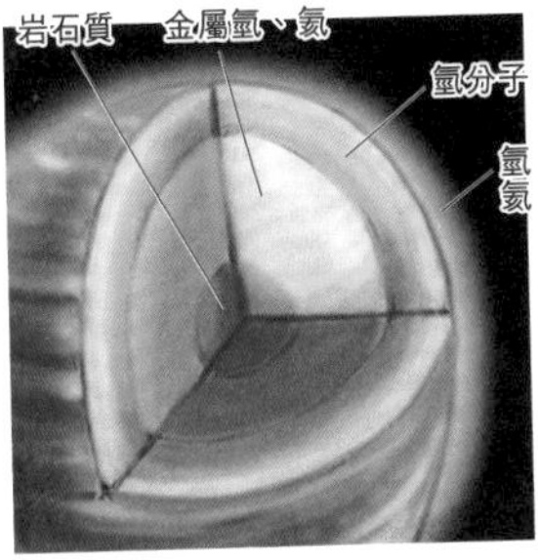

在愈來愈濃厚的重元素海中墜落，經過約六萬七千公里後，終於到達實際的地核區域，其半徑大概三千五百公里，溫度高達兩萬至三萬六千度，壓力為四千萬大氣壓。

這裡不停地下著液體的鑽石雨，周圍盡是高壓物理學者極度渴望的金屬氫。而且木星的地核還延伸到可能探索出太陽系初期模樣的金屬氫層。包圍著你的，是在地球上絕對得不到的寶藏。

這是在艱苦的旅程後的一個小獎勵，但不幸的是，你既不能逃離這裡，也無法和任何人取得聯繫。

隨著旅行來到盡頭，人生好像也跟著在這裡結束。雖然想讓你在此結束，但任務才剛剛開始，讓我帶你去下一個地獄吧！

第一個任務是墜落到木星上嗎……？
剛好可以當作暖身。

如果…

掉到天王星上會發生什麼事情？

潛藏於藍綠色深處，高達一千萬氣壓的壓縮地獄

幻想等級

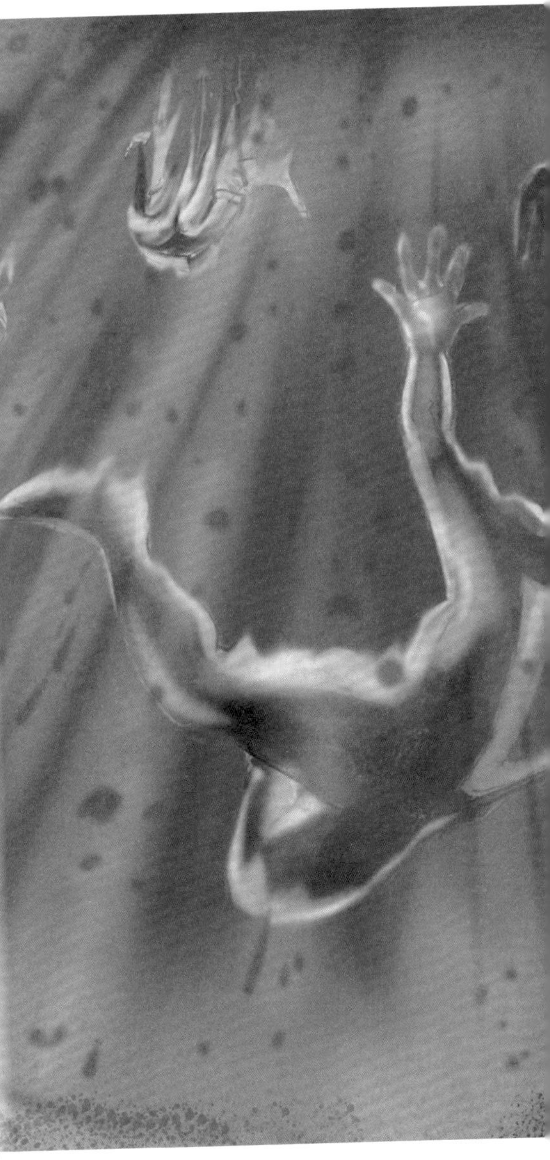

天王星是一顆有著藍綠色外表的行星，在距離太陽三十億公里遠地方繞著軌道公轉。**與太陽完全相反，天王星的環境極其寒冷，最低溫可達零下兩百二十度。而且它的外觀不像木星一樣有條紋，看起來較為單調**，所以有些讀者可能會覺得這是顆無聊的行星。

但天王星真的那麼無趣嗎？正如你們人類經常說的「人不可貌相」，在天王星那美麗的藍綠色深處，或許展現出的是一個有趣的環境。

當然，這次倒楣的人仍然是你。在斷言天王星是無聊的行星前，請先穿上VAIENCE SUIT實際去一趟天王星看看吧！

天王星的神祕面紗
其實到現在都還未揭開

當墜落到不可貌相的天王星前，就會逐漸看到它怪異的部分。**天王星的自轉軸相對於公轉軸傾斜九十八度，也就是說，天王星用著一副無所事事的模樣邊躺邊圍繞著太陽公轉。**天王星的公轉週期為八十四年，所以在其極點可以看到極端的自然景觀：四十二年太陽都沒有消失的白晝，以及連續四十二年太陽都沒有出現的夜晝。

此外，天王星的磁場也很與眾不同。其磁場強度是地球的五十倍、木星的四百分之一，相比下較為普通，但自轉軸相對於公轉軸的傾斜角度為九十八度，再加上磁場軸與自轉軸夾角為六十度，因此，**天王星就像是燈塔一樣，一邊轉動一邊向周圍發射磁力線和輻射線。**

目前尚不清楚，為什麼天王星的磁場會處於這種狀態。現在最具說服力的說法是「位於天王星中心周圍，具有對流性的導電性流帶層所引起的結果」。

事實上，目前人類對天王星內部構造並不是很了解。不像剛剛墜落的木星，科學家不僅曾讓航海家一號和二號進行逼近飛行※1，近距離通過，而且伽利略號和朱諾號探測器還成功

※1 逼近飛行（flyby）：近距離通過天體的附近，觀察星球，或是利用重力像是擲鏈球一樣加速。

環繞木星。舉個簡單的例子，這些探測器繞著木星旋轉，詳細調查其重力的分布，所以才會發現木星中心周圍處於滲出金屬氫的狀態。

相反地，對於這次的主角，卻只有在一九八六年派遣航海家二號進行逼近飛行調查，之後幾乎沒有規畫任何探測計畫。很遺憾地，就算說你們人類無視天王星也不為過。

這次是一個很好的機會，你可以作為人類代表近距離接觸天王星。相信天王星也會很高興，在環境如同地獄的內部歡迎你。

原以為是美麗的行星……
結果是一趟臭味之旅

當你一邊靠近天王星一邊陶醉在其美麗的藍綠色表面時，可以看到由氫、氦組成的大氣與甲烷形成的白雲。

風速的部分，要看掉落在天王星的哪裡而決定，有些緯度除了偶爾出現的暴風之外，其餘時間幾乎無風，有些地區的風速則是超過兩百公尺。

換句話說，運氣好的話，可以享受到平穩墜落的感覺，不過即便是如此，天王星的環境仍然會慢慢地露出獠牙。

在進入壓力為一大氣壓的附近時，一種名為**硫化氫的物質**濃度會提高。因為這是個充斥著甲烷的環境，如果脫掉VAIENCE SUIT，**也許能夠在遠離地球的行星上聞到臭屁的味道。**

缺點在於，這裡沒有氧氣，在聞出臭味前就會死去，但如果你堅持想試試看的話，我也不會阻止你。

如果你繼續往下墜落，就會通過硫化氫形成的雲朵，也就是臭屁雲，並到達下一層，這裡的雲朵是由一種名為硫氫化銨，會散發出腐臭雞蛋味道的物質所構成。當臭味四溢，讓人感到難受時，你會墜落到距離表面三百公里的地方。這附近的溫度約五十度，壓力為五十大氣壓至一百大氣壓，與剛開始墜落相比，氣溫暖和了許多。

不過，旅行當然並不會就此結束。

在穿過大氣墜落到大約六千公里時，終於進入天王星的地函區域。這裡是一大片由水、氨和甲烷組成的冰海。在壓力為二十萬大氣壓，溫度為兩千至三千度的環境下，就算眼前是一片冰海，也不會覺得寒冷。

地球上不可能會出現的神奇物質的未知世界

天王星展現出的神奇物質，不是只有超高溫的冰。地函內含有許多元素，包括氫、氧、碳以及氮。

這些元素的原子在過高的溫度和壓力下，會形成奇妙的分子。例如：有人指出**在地球上極為不穩定的物質，可能穩定存在於天王星的地函中，像是化學式為$C_2H_2N_2O_2$，如同分子鏈一樣由好幾個分子連接的高分子物質，或是碳**

酸和水反應出的H_4CO_4等。

而且對你們人類來說，熟悉的物質也會發生變化。當壓力上升到一百萬大氣壓，構成水的氧和氫也會呈現出不同的一面。有一種說法是說，這時候**會形成一種名為超離子冰的物質，氧會像是礦物的結晶一樣固定在立方體的頂點，氫則在周圍自由流動。**過剩的甲烷可能會凝結成鑽石，像冰雹一樣下在超離子冰內。想必你一定會被這個在地球上絕對看不到的景象震懾住吧！

最後終於抵達天王星的中心，也就是地核。這裡的壓力是一千萬大氣壓，溫度為五千到六千度。

目前對天王星的了解尚淺，不知道是和木星的地核一樣與周圍混合，還是獨立的岩石塊。**也有其他說法表示，核心周圍包覆著一氧化三氫（H_3O）的薄殼，並形成天王星奇怪的磁場等**，由此看來，天王星還有許多尚未被挖掘出的樂趣。

你覺得這趟天王星的墜落之旅如何呢？

正如「人不可貌相」這句話，從天王星美麗的外觀來看，根本無法想像其內部是如此神奇的樣子。你是第一個成功在近距離觀察到天王星內部可怕環境，以及裡面展現出的神奇景象的人類。好不容易如此靠近天王星，但很遺憾地無法久留，你還有許多必須要去做的未完成任務。

好的，接下來要帶你去什麼樣的地獄好呢？

從天王星拿到鑽石，之後回到地球就可以成為億萬富翁！不過不知道能不能平安回到地球……

如果…

利用放屁飛向宇宙會發生什麼事情？

幻想等級 ●●○○○

核融合電漿化，你的屁眼撐得住嗎？

人類現在會利用火箭前往外太空，然而，事實上即使擁有人類的智慧，要想擺脫地球的重力，仍然必須付出龐大的努力。火箭的重量約有百分之九十是由燃料構成，人類像是要擰乾抹布一樣，想盡辦法減少機體的重量，或者瘋狂開發出能量更高（換言之更不穩定）的燃料，如此努力樣子或許可以說是相當可笑。

人類如果能夠隻身前往宇宙，那不是很棒嗎？**推動力的話，就選擇能夠從屁股發射出的空氣砲，也就是屁吧！**要用多大的力氣才能在放屁後抵達宇宙呢？你的屁眼真的撐得住嗎？

祈禱屁股和肛門都能平安無事，以近乎光速的速度發射！

你們人類受到地球重力的束縛，只能待在地表，為了擺脫束縛到達宇宙，就需要能量。在軌道力學中，通常都以在地表附近賦予其速度的方式來表示必要的能量。根據想要抵達的目的地，命名為第一宇宙速度、第二宇宙速度、第三宇宙速度等以此類推。

第一宇宙速度是指能夠環繞地球的最低速度，即每秒七・九公里。假設物體以第一宇宙速度從地球表面發射，如果忽略空氣阻力或高度差異，則可以在不墜落的情況下繞太陽一圈，但這並表示已經到達宇宙。

要完全脫離地球，就必須達到第二宇宙速度，又稱為逃逸速度。其速度是每秒十一・二公里。除此之外，離開太陽系的第三宇宙速度則是每秒達到十六・七公里。目前先以第二宇宙速度，也就是以秒速十一・二公里為目標。

接下來，讓大家久等了，現在讓我們一起思考一下，要如何透過猛烈的放屁來前往浩瀚的宇宙吧！

火箭是燃燒燃料，向後高速噴射出高溫氣體，從而獲得推動力。或許各位會認為，為了獲得推動力，人類也需要燃燒放出的屁，但其實不管噴出什麼氣體都可以。根據作用力與反作用力的原理，不管是燃燒燃料產生的氣體、空氣還是屁，只要往後噴出某種物質，就能使物體往前加速。問題在於得用多快的速度來噴出屁，還有你的肛門是否能夠平安無事。

根據針對人類放屁的成分和分量的調查結果可得知，二十四小時放出的屁，中位數為氫三百六十一毫升、二氧化碳六十八毫升、氮兩百一十三毫升，以此為基礎可以計算出，屁的質量約為〇・四三克。一般認為，日本人普遍攝取的纖維較多，所以屁量也會比較多，因此這

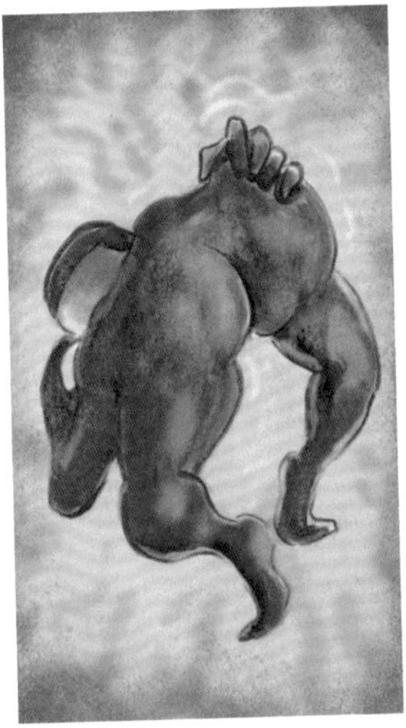

次將屁的質量訂定為〇・五克。要忍受一整天都不放屁可能會有點痛苦，但是在發射的過程中，最重要的是要盡可能地放屁。為了達到前往宇宙這個偉大的目的，必須要有一點忍耐力。

正如高中物理課本上所寫的，如果不施加外力，質量和速度的乘積會保持一定的數字。也就是說，在這次的情況下，屁的質量和速度相乘的數值，也與人類的質量和速度相乘的數值相同。

假設人類的質量是六十公斤，屁的質量是〇・五八克，並將人類的速度設定為每秒十一・二公里，就可以輕鬆計算出放屁的速度。

然而，這個如此簡單的算式並不適用於此次

情況。因為按照剛才的計算，放屁的速度要達到一百三十四萬四千公里，相當於光速的四・五倍。

在這個宇宙中，沒有任何物體的速度可以超越光的速度。根據天才物理學家阿爾伯特・愛因斯坦提出的相對論可得知，要將速度加快到逼近光速，就必須要有更大的能量，所以物質的速度絕對無法達到光速。

這次必須將相對論納入考量，根據這個理論可得出，放屁的速度要達到二十九萬兩千六百公里，大約是光速的百分之九十七・六。人類有辦法用這麼快的速度放屁嗎？不用擔心，只要有VAIENCE SUIT，以光速的百分之九十七・六來放屁根本是小菜一碟。

肛門附近出現核融合、電漿化，以及……

接下來，我們即將帶著滿滿的屁飛向宇宙，相信忍了一整天的屁是值得的。懷著能夠抵達宇宙的希望，用力地從anus（肛門的英文）放屁吧！**當你以光速的百分之九十七・六的速度從anus放屁的瞬間，首先會發生劇烈的爆炸。**

因為放屁的速度過快，屁中的原子核有可能會開始和空氣中的氮、氧原子核開始進行核融合※1。原子核帶正電，通常不會因為電磁力的排斥作用產生碰撞。

但是在光速的百分之九十七・六的速度下，

※1 核融合（Nuclear fusion）：原子核相互融合釋放出大量能量的一種現象。順帶一提，太陽中因為核融合反應產生了巨大的能量。

※2 TNT當量：將炸藥的爆炸造成的威力，以基甲苯火藥（產生出的能量與核彈爆炸相當）的質量來進行換算。

原子核會超越電磁力的排斥作用相互接觸，並出現引起核融合反應的危險。**簡單來說，你的anus外側會當場形成一個核融合爐。**

核融合反應釋放出的能量跟炸藥完全不是同一個等級。假設○．五克的屁中有百分之○．一的質量轉變為核融合的能量，產生出的能量以TNT當量※2換算後為十．八噸。這股能量與MOAB相當，MOAB是除了核兵器外，最具有破壞力的炸彈之一，又稱為是「炸彈之母」。大概半徑一百五十公尺都會被爆風席捲，人類和建築設施都會徹底遭到破壞。

地球表面會因為你的屁而陷入極大混亂，但你在受到放屁的反作用下會發生什麼事呢？放屁的反作用力會集中在你的屁股，而不是全身。最糟的情況是，**只有骨盆附近的部分以相當於秒速十一．二公里的速度發射，其餘的上半身和下半身可能會因放屁的核融合而燃燒。**

遺憾的是，即便腰部能夠承受如此劇烈的衝擊，也沒辦法享受舒適的空中旅行。據說人體在直立不動時，重心會位於肚臍的正下方，不過，在距離稍遠的屁股受力後，你會急速往後翻，並且高速飛在空中。而且空氣壓縮產生的高熱也會毫不留情地襲來。相信大家都知道，秒速超過八．五公里時，周圍的空氣會因為壓縮而電漿化。**正面的電漿化加上肛門的核融合**，毫無疑問的是，不管是哪種情況，如果沒有VAIENCE SUIT，你的身體都會瞬間燃燒殆盡。

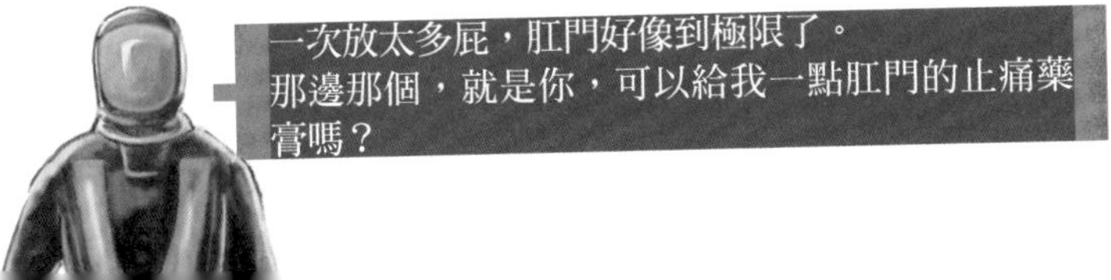
一次放太多屁，肛門好像到極限了。
那邊那個，就是你，可以給我一點肛門的止痛藥膏嗎？

如果…直接以肉身飛到宇宙會發生什麼事情？

幻想等級

五秒內就會失去意識，而且體內的物質會從孔洞流出……

地球有時會被稱為是奇蹟星球，它擁有適合人類生存的氣溫和豐富的水資源，而且大氣中還含有大量的氧氣。不過，只要稍微遠離地球，這種理想的環境很容易就會瓦解。在距離地球僅僅只有八公里，不到地球直徑千分之一的上空，已經是人類無法長期生存的環境。

若是將自己與地球的距離進一步拉大會發生什麼事呢？**難道你就不好奇，直接以肉身飛往遠離地球的外太空會發生什麼事嗎？**難得的機會，我打算將作為讀者的你當作實驗對象。相信手拿著這本書的你，應該會很樂意地接受吧？

在超乎想像殘酷的宇宙中能夠帶著毫髮無傷的肉身活著回到地球嗎？

與地球不同，宇宙空間的環境相當惡劣，最大的問題在於缺乏大氣壓力。你們人類經常會用「就像空氣一樣的存在」這種說法來形容事物，但其實空氣是由多到數不清的分子組成。在一立方公分的空氣中約有三千京個分子，只是人類無法用肉眼看到罷了。

這三千京個空氣分子高速飛行，不斷與接觸到空氣的所有物體進行碰撞。此碰撞正是大氣壓力的真面目，並且你們人類的身體是以身處於具有大氣壓力的環境下為前提而設計的。另一方面，就外太空而言，每立方公分的空間中只有一個分子的情況並不少見，**至於銀河和銀河之間的空間，甚至不是一立方公分，而是一立方公尺內的分子不足一個。**當然，分子多寡取決於位置，但可以確定的是，宇宙中幾乎沒有所謂的空氣。

此外，**一種名為宇宙射線的有害的輻射線不斷地飛來飛去。**除了太陽系中原本就有的宇宙射線，這些輻射線來自於太陽閃焰現象或其他行星的磁場，此外，產生自遠離太陽系外的黑洞周圍和超新星的宇宙射線也會飛向太陽系，所以沒有任何可以避開宇宙射線的方法。由於地球的大氣和磁場提供了一定程度上的保護，地表附近不用擔心受到宇宙射線的影響，不過，在離開地球後就不是這麼一回事了。

現在你應該能理解宇宙的環境有多糟糕了吧？我相信，讀到這裡的你一定也非常想要飛向宇宙。真拿你沒辦法，為了滿足你的願望，我就直接把你的肉體扔到宇宙吧！

空氣從體內排出，忍不住嘔吐和漏尿

你或許會想說，人體在飛入沒有大氣壓力的外太空後，會因為無法承受，在一瞬間爆炸成碎塊。但幸運的是，人類的皮膚非常堅韌，不會爆炸。**只是你體內占比極高的水分會開始沸騰，身體可能會在十秒內醜陋地膨脹**，不過至少生命不會像爆炸那樣華麗地結束。

你首先會體會到空氣急速從全身的孔洞逸出的感覺和聲音。為什麼我會這麼清楚呢？因為實際上有人曾經因為事故處於幾乎完全真空的環境下，最後幸運生還。

據說，那個人最後的記憶是，感覺舌頭上的水開始沸騰。好險周圍的人有注意到他的情況，在十五秒內增加壓力，他才保住了性命。你的話，只能祈禱有人會來救你。不知道要說是幸運還是不幸，你很快就會失去意識，所以

沒剩多少時間可以讓你祈禱和感受難以忍受的恐懼。

隨著體內的空氣不斷地流失，肺臟當然也會以驚人的速度排出空氣。人類的大腦要想發揮出作用，就必須由肺臟中的空氣提供氧氣，並經由血液將氧氣運輸到大腦中。在氧氣從肺臟中消失的真空狀態之下，不要說向血液提供氧氣了，肺臟甚至還會反過來，從血液之中掠奪氧氣。

由於缺氧，預計你將會在十五秒內暈倒，如果沒有人來救援，你將會永遠沉睡不醒。失去意識的結果是，壓制體內物質的力量全部都會消失。也就是說，可以看到嘔吐、漏尿等，一些非常華麗的景象。

你可能會想要憋氣以保持意識，但這大概是最糟的選擇，因為會導致肺臟破裂，即使獲救，生存率也會大幅下降。

照理來說，其實人類在失去意識之後仍然還會活著，就算被扔到宇宙之中，只要能夠得到救援，就可以在大腦沒有受到損傷的情況之下恢復意識。目前很難準確地說一般人類最長可以失去多久的意識，不過根據研究顯示，狗是九十秒，黑猩猩是一百五十秒，所以人類應該不會偏離這些數字太遠。話雖如此，按理論來說過了四分鐘以上，應該就能宣布「你已經死亡」了。

由於暴露在零下兩百七十度的嚴寒環境中，你也許會認為自己的屍體會馬上凍結，但沒想到，屍體的冷卻速度其實沒有那麼快速。

由於水沸騰的汽化熱，眼睛和舌頭可能會立即結冰，但整個身體結凍需要的時間比想像中的還要長。

一個物體要降溫，就必須向周圍釋放出熱能，一般來說有三種方法，分別是熱傳導、熱對流和熱輻射。

外太空沒有傳導和對流的物質，所以只能進行熱輻射，經計算得知，最快還需要好幾個小時，你的身體才會下降到零度。

之後，你會成為漂浮在外太空的冰冷木乃伊，最終的結果是在經過宇宙射線長時間的洗禮，從表面開始變得破爛不堪。

遺憾的是，對人類來說，外太空似乎是一個過於嚴酷的環境。

這樣的光景其實就在離地球這麼點距離的地方，所以你們人類應該對地球這個奇蹟星球抱持著更多的敬意才對！

嘔吐和漏尿才不是華麗，是骯髒的景象。
不過，在外太空中臭味不會傳遞，所以不用擔心。

如果…

地球被黑洞吸進去會發生什麼事情？

幻想等級

地球會像是義大利麵一樣拉長並且全部都會被吸進去黑洞中

據推測，你們人類居住的銀河系中有一千萬到十億個黑洞。

一般認為黑洞是最強的天體，它具有極為強大的重力，可以無止盡地將宇宙中所有的萬物吸到洞

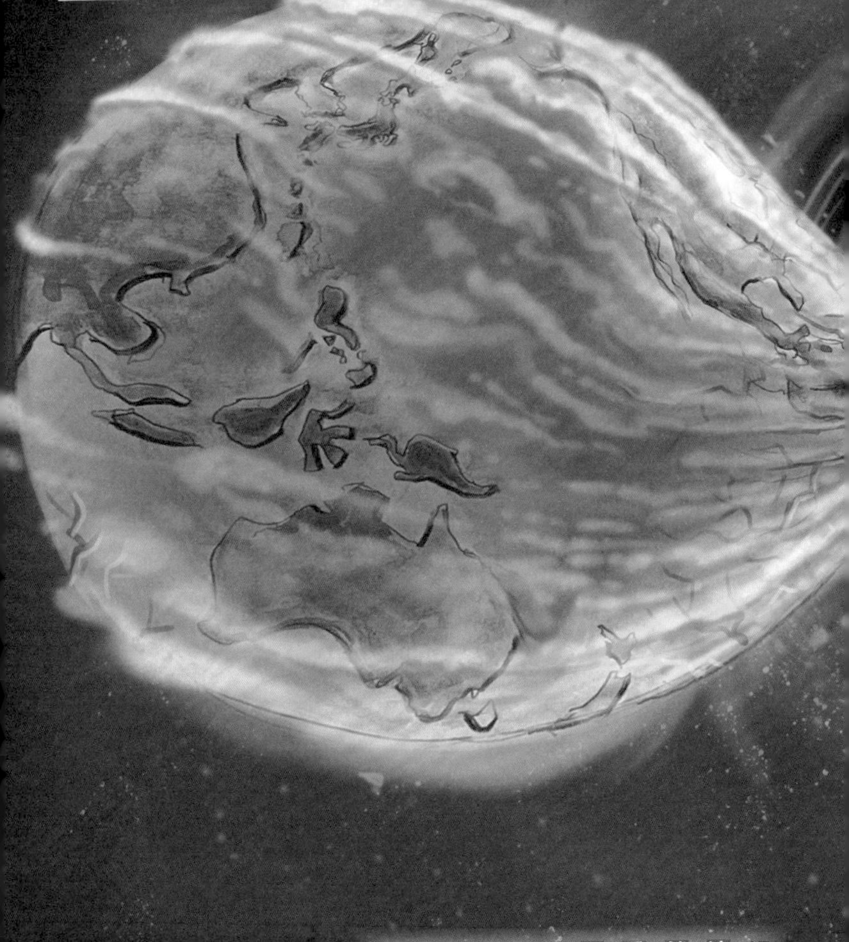

裡。**黑洞無法直接用電磁波觀測，因此，即使黑洞就在太陽系的附近，除了重力的影響外，人類很難得知其存在。**

那假設黑洞在人類沒有察覺的情況下接近地球，會發生什麼事呢？黑洞會如何吞噬誕生約四十六億的地球，還有你呢？

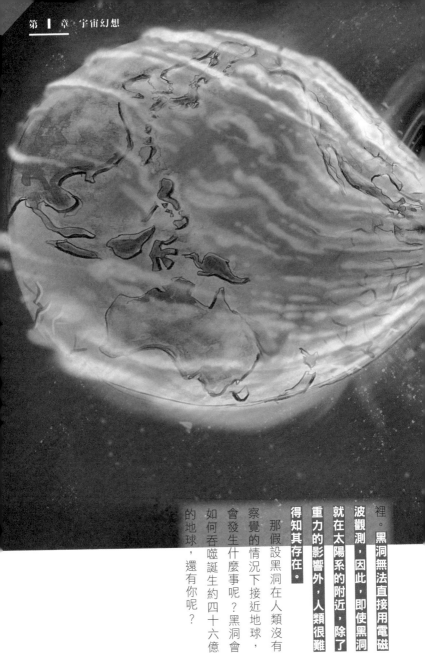

劇烈的地震和岩漿海
吞噬一切的地獄景象

各位知道嗎？黑洞實際上與地球和太陽是相同的天體。

如果是從距離足夠遠的地方眺望，黑洞可以視為與地球和太陽相同的天體，但那是在黑洞距離很遠的時候。如果黑洞在離地球非常近的地方，那麼毫無疑問地，一定會發生毀滅性的事件。

假設現在地球旁邊突然出現一個大小普通，大約是太陽質量十倍的黑洞。

太陽質量的十倍，大約是地球的三百三十萬倍。但大的只有質量，黑洞密度很高，相較之下，體型大小會比地球小上許多，半徑約為三十公里。

突然出現在地球旁邊的黑洞，其過於強大的重力，會毫不留情地在地球旁邊露出獠牙。首先，地球朝向黑洞的那側與另一側之間會產生重力差。

這種重力差會導致黑洞在吸入地球時，會將地球拉長，進而使地球整個變形。**因為變形產生的摩擦熱，地球會發生史無前例的強震和火山活動，並且地表會形成一片沸騰的岩漿海。**大氣和水，還有你們人類會與地球融為一體，朝著黑洞墜落，消失得無影無蹤。

決定性的毀滅將在黑洞中心距離地球數百公里時的瞬間降臨。與構成地球的物質所產生的

※1 事件視界（Event Horizon）：指黑洞的邊界區域，具有強大的重力作用，就連光都無法逃脫。

重力相比，黑洞的重力影響力更大。因此，地球的物質會從靠近黑洞的部分開始脫落，並圍繞著黑洞旋轉。

圓形的地球被拉到最長，形成如同義大利麵的細長氣體塊。這種美麗的現象叫做「麵條化」，也稱為「義大利麵效應」。因黑洞剝落的物質會在提高速度的同時，開始繞著黑洞周邊旋轉，形成名為「吸積盤」的氣體塊。

不過，這也不是永遠的，氣體塊還是會朝著黑洞直線墜落，**最後所有構成地球的物質全部都會被黑洞吞噬。**

遭黑洞吸入後會立即抵達事件視界※1，接下來會發生什麼事情呢？目前尚不明瞭。作為物質的地球是會一點痕跡都不留地消失嗎？還是會像全像攝影一樣留在事件視界呢？現今的物理學還沒找到答案。

然而，對太陽系來說，這無疑是一場悲劇的開始。

太陽系的總質量中，大部分都集中在太陽上。如果此次出現的黑洞質量是太陽的十倍，那麼太陽系的中心就會位於黑洞和太陽之間，並且所有的天體都會開始繞著那一點公轉。

當然，**所有行星將會同時從之前的公轉軌道脫軌，導致相互碰撞或是被趕出太陽系，甚至有些行星會遭到太陽或黑洞吞噬。**

一想到如此慘不忍睹的地獄景象，也許反而可以說，作為第一個犧牲者的地球，還有能夠輕鬆離世的你，其實出乎意料地幸福。

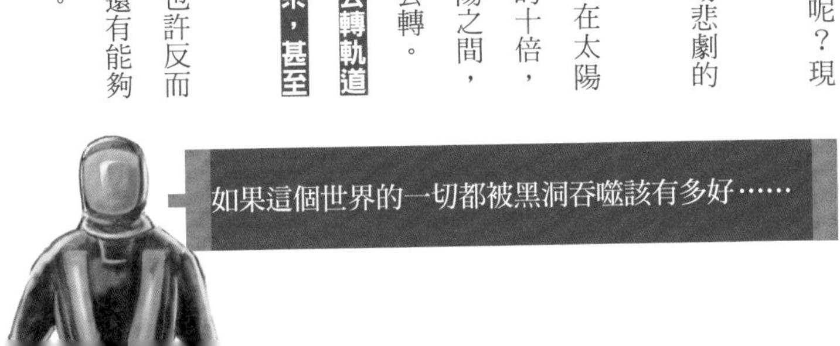

發生宇宙的終結「大擠壓」會發生什麼事情？

整個宇宙會像氣球一樣收縮

在你們人類的眼裡，宇宙規模的時間軸長到看不見底。

假設將宇宙的歷史一百三十八億年濃縮為三百六十五天，那作為現代人類物種的智人誕生的時間是

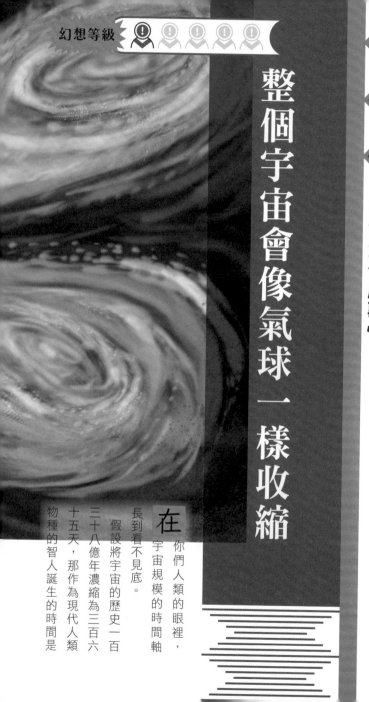

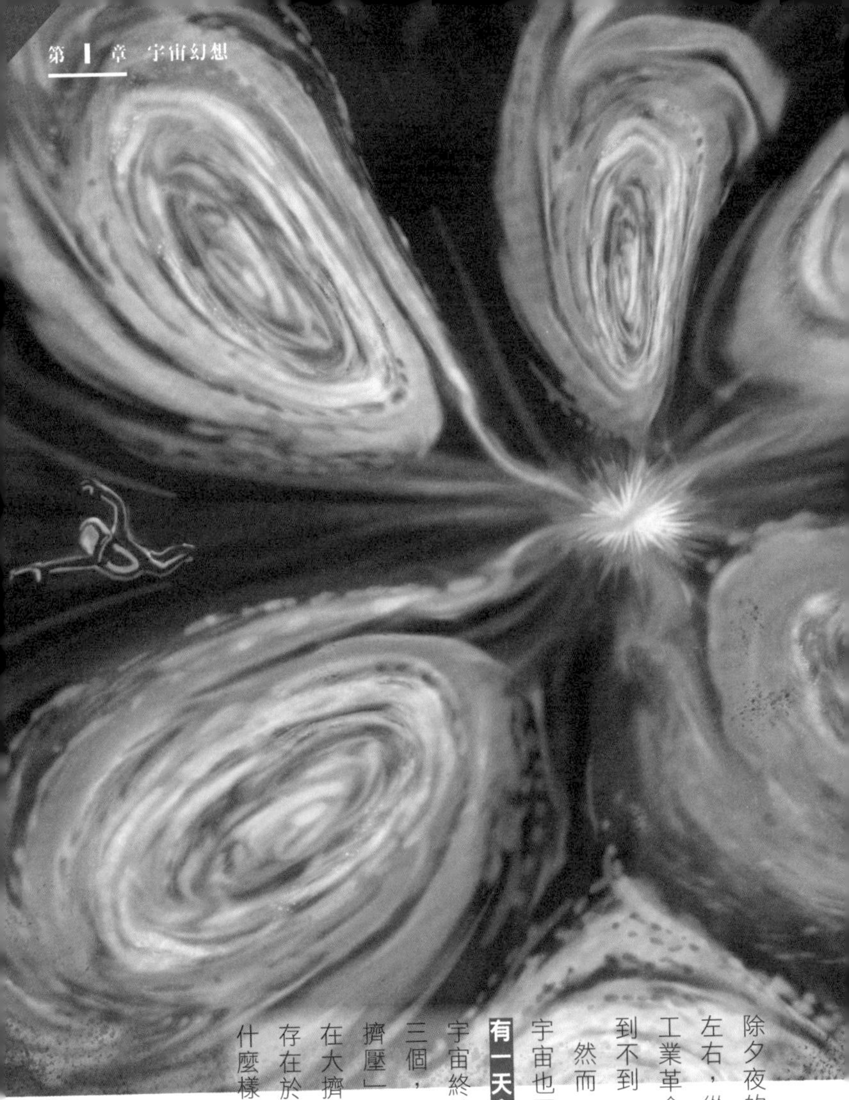

除夕夜的十一點四十八分左右，從象徵人類繁榮的工業革命後的世界則是短到不到一秒。

然而，歷經漫長歷史的宇宙也不會永遠存在，**總有一天會消失。**目前關於宇宙終結的假說，主要有三個，這此要介紹的「大擠壓」就是其中之一。那在大擠壓將要爆發之前，存在於宇宙的生命體會有什麼樣的體驗呢？

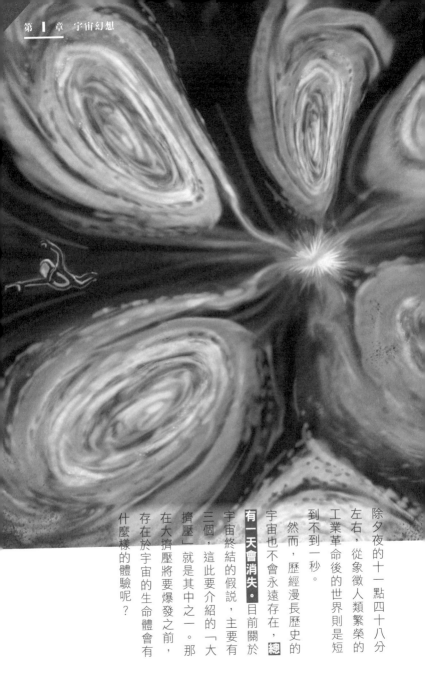

你們的生活毫無改變？大擠壓後的世界

目前已經得知，宇宙正在膨脹，而且膨脹的速度逐漸加快。

照理來說，受到重力的影響，膨脹的速度會愈來愈慢，而事實上科學家一開始也是這麼認為的。

在地球上將球朝上扔，一開始會快速度地往上飛，但之後速度會愈來愈慢，最後靜止並掉在地上。然而，出乎意料地，在真正的宇宙中卻會出現將球往上拋後，速度反而不斷加快的現象。

為了解釋這一觀測到的結果，科學家們認為空間本身可能具有擴張的作用，並將這個真面目不明的現象命名為「暗能量」。

宇宙會以什麼樣的方式迎來終結呢？

關於此問題的關鍵，就掌握在暗能量和宇宙中含有的物質。不過，對於暗能量究竟是什麼？以及它將在未來對宇宙產生什麼樣的影響？目前人類尚未得到結論。

接下來要介紹用來表示宇宙終結的三個假

說，分別稱為**「大解體（Big Rip）」、「大凍結（Big Freeze）」、「大擠壓（Big Crunch）」**，這些名稱的取名邏輯都延續自被認為是宇宙開端的「大霹靂（Big Bang）」。

「大解體」的假說是指，受到暗能量的影響，空間膨脹的速度會逐漸加快，最後整個宇宙的結構體都遭到空間本身撕裂。

至於「大凍結」假說是在受到暗能量的影響較大解體小的情況下發生的，宇宙持續膨脹後，結果所有的物質和能量都距離太遠，導致整個宇宙什麼事都沒有發生。

最後一個**「大擠壓」假說是指，重力最終戰勝暗能量，整個宇宙轉為收縮，結果宇宙無限收縮而回到大霹靂前的狀態。**

目前最有說服力的說法是，暗能量是空間本身擁有的能量。以此理論為基礎來思考，暗能量的密度，即空間寬度的膨脹速度始終保持一致，因此一般認為最有可能會出現大凍結。不過，沒有證據可以證明暗能量在未來也會維持恆定。實際上，也有科學家支持宇宙的膨脹會因為暗能量減弱並反過來轉為收縮這個假設。在這種情況下，宇宙將會以大擠壓的形式走向終結。

如果發生大擠壓會發生什麼事情呢？

即使從現在這個瞬間開始，宇宙朝著大擠壓的方向進行收縮，你們人類的生活也不會有任何改變。地球依然繞著太陽公轉，太陽也一如既往地持續發光。然而，過不了多久，觀察銀河的科學家就會發現異常。

在現在的宇宙中，從遙遠的星系發出的光芒會因為空間本身的膨脹，波長以拉長的狀態抵達地球。這個現象稱為「紅位移」，相對的，當宇宙轉為收縮後，就會產生波長縮短的「藍位移」現象。當科學家以這個新的觀測結果為基礎後，就會預測出，宇宙將會因為大擠壓而終結。

儘管得出結論，人類依然無能為力。**宇宙收縮代表會發生像是追溯宇宙歷史的現象。**所有的星系開始相互靠近，宇宙本身的溫度也會不斷地上升。經過好幾百億年的漫長歲月，宇宙將會追溯其歷史。人類這種渺小的存在不可能抵抗得了如此巨大的洪流。

宇宙充滿水資源？分子這個概念消失，形成火球……

然而在毀滅之前，宇宙收縮可能會先帶來巨大的恩惠。

相信大家都知道，現在宇宙的溫度是零下兩百七十度，這是由於宇宙大霹靂後留下的輻射，因為膨脹的空間進行紅位移，結果在相當零下兩百七十度時抵達地球。這個輻射稱為「宇宙背景輻射」※1。不僅是地球，它從宇宙的四面八方，降到宇宙的各個角落。**隨著宇宙轉為收縮後，宇宙背景輻射的溫度會上升，總有一天，無論是什麼樣的天體，不管是在遠離太陽的情況下，還是不屬於任何恆星，自由地**

※1　宇宙背景輻射（Cosmic Background Radiation）：
約一百三十八億年前，發生大霹靂時發出的光所留下的痕跡。

漂浮在太空中的行星，都能保持在適當的溫度，讓表面的液體水可以存在。

實際上，已經有人指出，在大霹靂後的一千萬年至一千七百萬年後，宇宙可能就會呈現那樣的狀態。液體水的存在就代表很有可能會誕生生命。儘管這不過是一種可能性，但大擠壓對全宇宙的生命來說，也許是獲取最後榮耀的機會。

遺憾的是，這種狀態不會持續很久。

不久後，宇宙背景輻射的能量就會過高，使液體水蒸發，並導致生命迎來結束。此後，別說是水了，所有物質的電子都脫離了原子核，形成一種名為電漿的狀態，並且原子核之間透過電子結合的分子概念會跟著消失。根據推測，該原子核過不了多久也會因為過高的溫度和壓力進行宇宙規模的核融合，如果溫度進一步上升，就連從現今的物理法則來看，也都會成為別的存在。

最後的瞬間，**宇宙會在無限壓縮的火球中走向終結，這就是所謂的大擠壓。**

對於大擠壓過後的宇宙，現在的物理學並沒有答案。會是以火球的模樣永存呢？還是再次引起大霹靂，像不死鳥一樣復活呢？無論是哪種情況，現在的宇宙應該都不會留下一點痕跡吧！

從無到有，從有到無，對壽命頂多一百年左右的人類來說，這也許不是什麼值得在意的事情吧？

你們人類就算在意宇宙的終結也沒什麼用，將注意力放在當下吧！

如果…

前往宇宙的盡頭會發生什麼事情？

幻想等級

不管怎麼前進，宇宙都無窮無盡！

隨著科技的進步，現在你可以觀測到在外太空持續前進約一百三十八億年的光。這些光是人類目前在地球上能夠觀測到的「宇宙盡頭」。

然而事實上，地球與宇宙的盡頭相距約四百六十億光年。無法精確計算出數字的原因在於，宇宙本身正跟氣球一樣膨脹，**距離愈遠的物體，看起來遠離的速度會更快。**因此，一百三十八億年前發出光的天體本身也在不斷地遠離，現在距離地球約四百六十億光年。

怎麼可能會有人不在意宇宙的盡頭呢？現在，請穿上VAIENCE SUIT，朝著無盡的那一端前進吧！

無論怎麼前進，都看不見宇宙的終點？

接下來，當我們試著往宇宙的盡頭前進時，到底會發生什麼事情呢？

只要穿著VAIENCE SUIT，移動四百六十億光年應該只要一瞬間吧？那裡是否會有一個超乎你們想像的世界呢？真令人興奮啊！

喔？你剛剛好像安全地移動了。

嗯？眼前好像沒什麼變化呢！這裡有一個與你們居住的銀河系相似的銀河，也許裡面會有類似地球的行星。就算已經朝著與地球相反的方向盡可能地前進，但環顧四周，眼前看到的景色與在地球上看到的並無不同。到底是怎麼一回事呢？

事實上，從地球觀測到的「宇宙」，只是整個宇宙的一小部分。

從地球看到的宇宙盡頭，**就只是一百三十八億年前在那裡發的光，剛好抵達在現今地球的地方，對整個宇宙來說這裡平淡無奇，並沒有任何特別之處。**

不過，如果就這樣放棄，也太血本無歸了。讓我們以宇宙的盡頭為目標，從距離地球四百六十億光年的地方，向著與地球相反的方向往前移動。不知道需要花費多長的時間，但總有一天會抵達宇宙盡頭的，大概吧……

然而，不論怎麼走，都無法抵達宇宙的盡

頭。為什麼會這樣呢？在此，我不得不告訴你一件令人悲傷的事實。

我很抱歉，**目前在科學上的定論是「宇宙根本就沒有盡頭」。**

以相對論來思考曲率與宇宙的關係

這與時空的「曲率」，也就是說空間本身的彎曲程度有密切的關係。

阿爾伯特・愛因斯坦的相對論顯示，吸引物體的力量，即重力的本質是彎曲空間的能力。例如，地球在因為太陽重力的作用而彎曲的空間中直線前進，才會像現在這樣繞著太陽旋轉。不僅是物體，這個理論也適用於光。

一般認為，如果宇宙曲率為零以下，宇宙就會無限擴大。

曲率為零時，空間會像一張紙一樣平坦，並無限延伸；曲率小於零時，空間會形成像馬鞍一樣的形狀，但依然會無限延伸。然而，當曲率大於零的時候，整個宇宙看起來會像是個球體表面。在這種情況下，朝著相同的方向前進，最後會回到開始

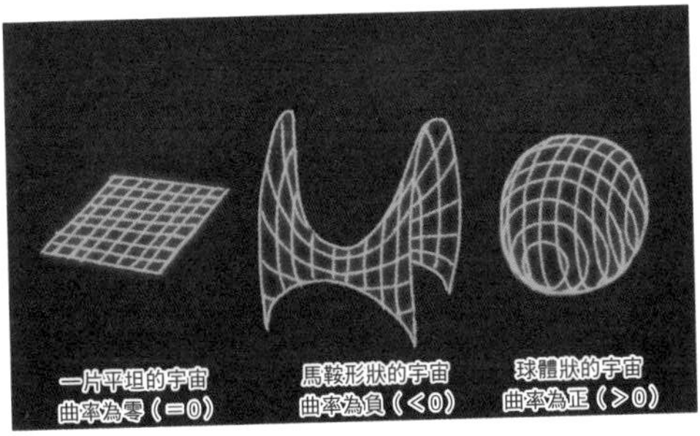

的地方。

因此，對你們人類來說，這是一件極其可惜的事。因為無論是哪一種情況，宇宙都沒有所謂的盡頭。

曲率小於零，不管怎麼朝著宇宙的盡頭前進，永遠都不會抵達目的地；曲率大於零則是不管怎麼走，最後都還是會回到起點。

不僅無法抵達宇宙的盡頭 還不能回到起點

看樣子，過於相信VAIENCE SUIT的能力，急急忙忙地出發似乎是個錯誤的決定。

現在已經在距離地球相當遠的地方了。如果宇宙的曲率在零以下，就算再往前進也沒有意義，只能直接返回。

不過，都已經到這裡了，要不要賭一下曲率大於零的可能性？

沒錯！若是曲率大於零，只要繼續前進，就會回到原點。

然而，遺憾的是在這裡必須駁回這個想法，因為**目前已經得知，宇宙曲率幾乎等於零。**

將捕捉到「宇宙背景輻射」的圖片放到網站上搜尋，會得到溫度稍高和溫度較低的部分，理論上，可以計算出這些區域的大小。

若這個宇宙有曲率，並且呈空間彎曲狀，光也會彎曲前進，所以溫度高和溫度低的區域看起來會比實際的還要大。

將從地球觀測得到的區域大小，與根據理論計算得出的區域大小相互比較後，可以得到幾乎一致的結果。

這代表整個宇宙的曲線「幾乎為零」。

一輩子回不了家
永遠只能前進……

目前還不清楚為什麼會這樣，但你們確實生活在這樣的宇宙裡。

雖然感到非常可惜，但這次我們還是老實地回頭吧！

因為無論怎麼往前走，你都無法到達宇宙真正的盡頭。不僅如此，你也沒辦法就這樣回到原本的地方。

什麼？忘記地球是往哪個方向？

哎呀……那我就先走了。

相信總有一天，我們會在地球相見……但我想應該是沒辦法啦！

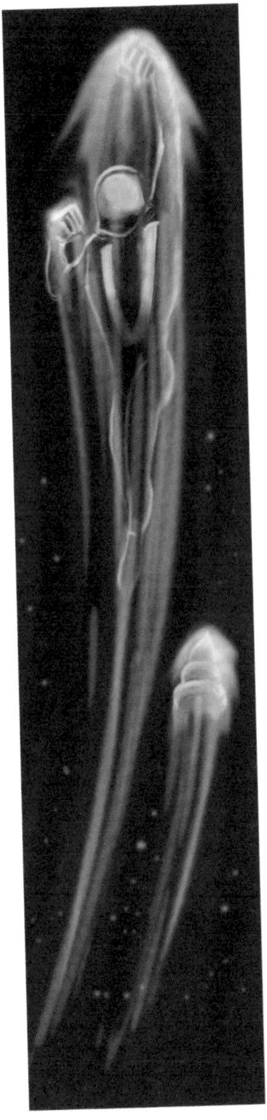

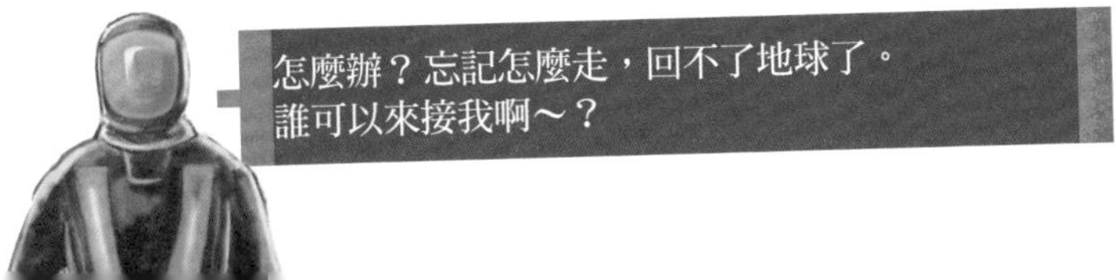
怎麼辦？忘記怎麼走，回不了地球了。
誰可以來接我啊～？

如果……

參宿四發生超新星爆炸會發生什麼事情？

幻想等級

晚上會出現第二個月亮，上演世紀級天體秀超新星爆炸

獵戶座為冬天的夜空增添了色彩，在其左上角閃爍著紅橘色光芒的是一等星參宿四。參宿四是整個天空中最明亮的星星，但各位知道嗎？這顆星星很快就會消失。

參宿四的壽命已經所剩無幾，而且一般認為它將以超新星爆炸這一劇烈的方式結束這一生。

據說爆炸產生的能量相當於太陽在一百億年的壽命中產生的能量總和。

如果參宿四真的在現今發生超新星爆炸，那呢地球上的人類會經歷什麼情況呢？

被宣告命運的參宿四 在不遠的將來會迎來爆炸

參宿四確實會在不久後發生超新星爆炸。不過，你們人類也許對「不久」這個詞彙有所誤會。關於參宿四何時會爆發超新星爆炸？目前預計最快會在十萬年內，十萬年對人類來說非常漫長。

不過，參宿四誕生約八百萬年，而太陽約四十六億年，從宇宙規模的時間軸來說，十萬年這點時間可以說只是一瞬間。假設參宿四的壽命是八十年，那等於說它只剩下一年可活。

儘管如此，每當參宿四出現異常狀況，你們人類就會立即聯想到超新星爆炸。

例如，二〇一九年年末到二〇二〇二月，參宿四的亮度急劇下降。參宿四因為週期性的脈動，亮度有時會比平時增減百分之三十左右，但這段時間的亮度相較通常狀態，下降了約百分之六十，因此有許多新聞網站都大肆報導參宿四即將發生超新星爆炸。

不過，當時幾乎所有的天文學家從一開始就認為，亮度下降與超新星爆炸無關。

因為從其他超新星爆炸的數據來看，並沒有觀測到爆炸前亮度會下降這一點。實際上，到了二〇二〇年四月左右，參宿四的亮度便恢復正常，所以至少在人類的時間感覺上，即將爆炸的傳聞不攻自破。

順帶一提，參宿四的亮度在二〇一九年至二〇二〇年之所以會下降，主要有兩種說法。

第一個說法是，從只有參宿四的一部分亮度下降這一事實來看，可能是出現了大量的灰塵遮住了參宿四的光芒。

另一個說法是，像是太陽黑子一樣，參宿四的表面出現一大片溫度低的區域。事實上，目前尚未確定這兩個說法中哪一個是正確的，希望今後的研究會得出真相。

會因為爆炸感到困擾的只有天文學家和夜行性動物？

參宿四不知道何時會發生超新星爆炸，但如果假設現在就爆炸，會發生什麼事情呢？

地球和參宿四之間相距五百至六百五十光年左右，即便現在這個瞬間發生超新星爆炸，也要花上五百年以上的時間，爆炸的光芒才會到達地球。

因此，讓我們來想像一下，**如果參宿四是在十五至十六世紀，正逢日本戰國時代時發生超新星爆炸，而這一訊息現在傳到地球，會發生什麼事情？**

幸運的是，地球上的生命不會面臨危機。

超新星爆炸的能量確實相當龐大，會釋放出大量的伽馬射線和X射線等。然而根據估計，與地球的距離起碼要達到五十光年以下的爆炸，才會威脅到地球上的生命。

部分超新星爆炸時，可能會引發「伽瑪射線暴」※1。過去認為參宿四也會發生伽瑪射線暴，不過最近普遍的想法是，伽瑪射線暴僅限於會促使黑洞產生的超新星爆炸，而且參宿四會留下的是中子星而不是黑洞，所以不會引發伽瑪射線暴。

簡單來說，你們人類可以放心地享受這場盛大的天體秀。

此外，**在參宿四發生超新星爆炸的前幾個小時，有機會觀測到前兆。**在參宿四的地核崩潰時，恆星內部的質子和電子會結合成中子，同時釋放出大量名為微中子的基本粒子。恆星地核周圍的物質向著地核墜落，整個恆心在地核變化出的中子星反彈的衝擊波中炸飛，這就是所謂的超新星爆炸。

微中子的釋放、衝擊波以及包含光在內的能量轉換成電磁波，因為有時間差，一般認為是微中子先到達地球。微中子不易影響其他物質，不會危及地球上的生命，只要有像日本超級神岡探測器※2一樣的微中子特殊探測器，就有可能檢測出微中子。

實際上，在距離約十六萬光年的天體SN1987A在一九八七年發生超新星爆炸時，就發現在電磁波到達地球的幾個小時

※1 伽瑪射線暴（Gamma Ray Burst）：伽瑪射線在數十毫秒至數百秒的短時間內，如同破壞光線一樣，呈光束狀模樣發射的現象。
※2 超級神岡探測器：世界上最大，利用水契忍可夫輻射觀測微中子的探測器，位於日本岐阜縣。其前身神岡探測器檢測出SN1987A的微中子。

前，觀測到的微中子已經明顯增加。因此，當參宿四爆炸時，可能也會出現微中子先抵達的情況。

假設參宿四距離地球六百四十光年，達到最高點並抵達地球的超新星爆炸光線，會**在一個小時內，以滿月的十分之一左右，也就是大約是相當於半個月圓的亮度發光。**夜空中，除了月亮會更加明亮外，即使到了白天，亮度也足以用肉眼直接看見閃閃發亮的光點。

普通人可以享受無與倫比的夜空，但另一方面，對需要在夜晚進行觀測的天文學家，以及必須仰賴月光的夜行性動物來說，也許會很困擾。他們別無選擇，只能忍耐幾個月。

超新星爆炸發生約三個月後，爆炸的亮度會急速下降，預計兩年後會回到參宿四目前的亮度，三年後便不能再直接以肉眼看到。與二〇一九年不同，參宿四的亮度不會再恢復，這代表點綴著夜空的其中一顆星星將永遠消失。這麼說起來不禁讓人覺得寂寞，但這也是約定好的未來。

還有人指出，參宿四所在的位置會留下名為超新星殘骸的星雲，星雲周圍圍繞著由地核變化而來的中子星，可能會發出光芒。如果將一〇五四年因為超新星爆炸形成的蟹狀星雲，放到與參宿四一樣距離地球六百四十光年的地方，那就能夠用肉眼看見。過去被稱為是參宿四的恆星，在上演世紀性的天體秀並消失後的數百年間，可能會繼續為人類帶來歡樂。

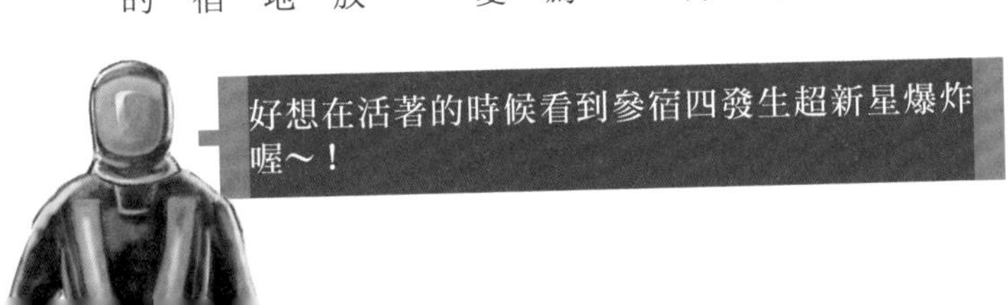
好想在活著的時候看到參宿四發生超新星爆炸喔～！

如果…

發現太陽系第九顆行星會發生什麼事情？

發現充滿浪漫的第九行星只是時間的問題？

幻想等級

國際天文學聯合會在二〇〇六年舉辦的大會上，決定將冥王星的歸類從行星改為矮行星，這個結果引起軒然大波。有些認為這是冥王星被降級為矮行星，截至二〇二

二年，天文界仍有一部分的人對此頗有怨言。

不過，**從二〇一〇年代開始，有些人提倡的學說指稱，太陽系還有一個冥王星以外的第九顆行星。**而且幾乎所有人都認定那顆行星比地球還要大，不是像冥王星一樣小到不符合行星定義的天體。

有許多人對此看法表示反對的意見，但假設人類按照這個學說發現第九顆行星，會發生什麼事情呢？又為什麼會有人覺得太陽系有個尚未發現的第九行星呢？

有第九行星派VS沒有第九行星派 唯有發現才是爭論的終點！

「行星」的定義本身也是人類擅自決定的，所以現在仍有天文學家主張透過改變行星的定義，讓冥王星重回行星行列。事實上，到一八二〇年代為止，教科書上記錄的行星總數為十一顆，包括當時發現的水星到天王星七顆行星，還有位於火星和木星之間小行星帶的灶神星、婚神星、穀神星、智神星。現在只有穀神星分類為矮行星，其他三個皆列為小行星，但沒有因為分類改變而發生任何變化。

那為什麼會在還沒直接觀測到的情況下，認為海王星的外側有第九顆行星呢？因為**繞著**

海王星軌道外側公轉的海王星外天體，其軌道上存在著某種傾向，關於這種傾向，最佳的解釋是，受到未發現行星的重力影響。

海王星並不是太陽系的終點，許多天體在比海王星更遠的地方繞著太陽公轉。在談論太陽系裡的距離時，通常會使用名為天文單位（AU）的單位，一AU等於太陽和地球的平均距離一億五千萬。一般來說，與太陽的平均距離超過三十AU，並在比海王星的軌道還要外側公轉的天體稱為「海王星外天體」。例如，最具代表性的海王星外天體是冥王星，冥王星與太陽的平均距離為三十九AU。

海王星外天體中，距離太陽特別遠的天體並不多，但仍有少數幾個。

觀測到海王星距離太陽最近時是三十AU以上、最遠時是一百五十AU以上，也就是海王星的重力絕對不會影響其軌道的天體後，發現了神奇的傾向。**這些天體離太陽最近的點集中在某個區域，而且軌道傾斜的角度也很相似。**

由於這不可能只是巧合，某位研究員提出的說法是，在距離太陽一百AU以上的區域裡，存在著尚未發現的行星，受其重力影響，海王星外天體的軌道才會如此一致。這就是第九行星的假說。該研究員運用模擬技術，鎖定了第九行星的質量和軌道。根據二〇二一年發表的論文，得出可能性最高的數據為地球質量的六・二倍、與其他行星的軌道傾角為十六度、與太陽的距離為三百至三百八十AU。剩下的就是用望遠鏡發現它，但**距離實在太遠了，已經接近目前人類觀測技術的極限，因此，似乎還需要一段時間才能發現第九行星。**

另一方面，確實也有許多反對的意見。海王星外天體的軌道傾向是促成這個假說的契機，但海王星外天體本身也難以觀測，所以很多人堅持只會發現符合該傾向的天體，甚至在二〇二一年還有人發表論文，主張根本沒有所謂的海王星外天體軌道傾向。看樣子，要結束這場爭論，就只有發現第九顆行星這一途。十年後，各位的教科書上可能會表示，太陽系第九行星確實存在。我們在這裡約定好了，到時候你要墜落到第九行星看看是長什麼樣子。

如果…

掉到太陽上會發生什麼事情？

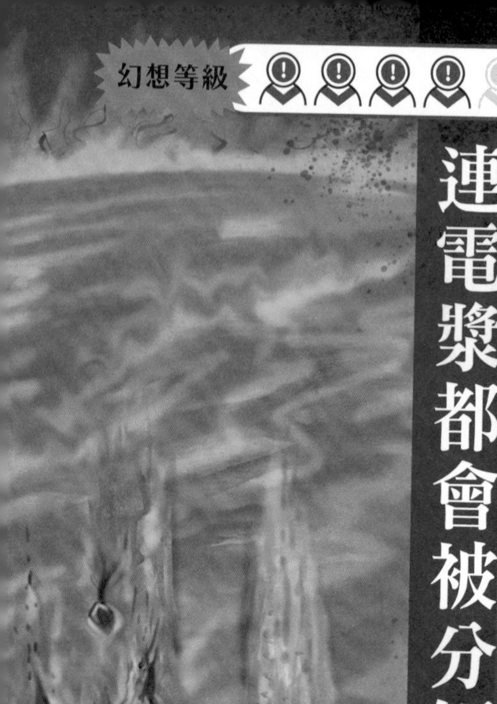

幻想等級

一千五百萬度與兩千億氣壓，在超極限環境下連電漿都會被分解

三十多億年來，太陽這顆母星時而溫柔、時而嚴格地一直守護著地球上的生物。你身邊的生物大多都依賴於太陽灑落下來的能量。

太陽是太陽系中最重要

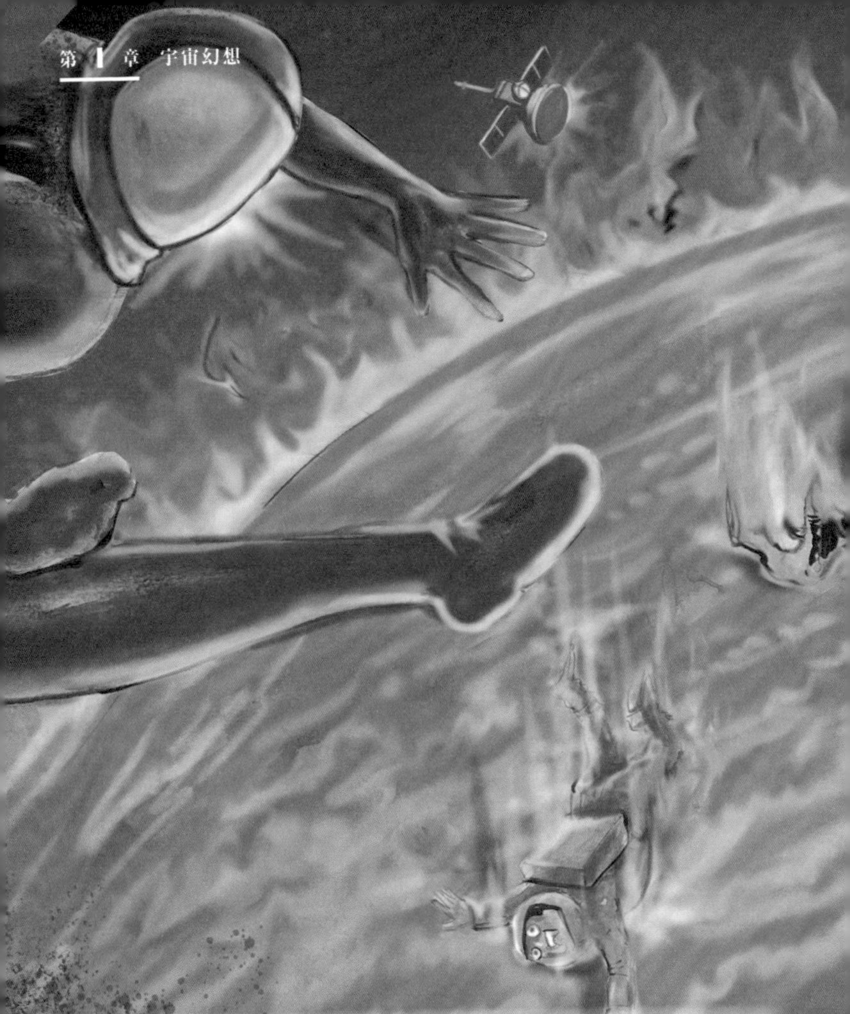

的天體，其本體相當單純粗暴，就像是一個絕對不會爆炸的氫氣彈。太陽直徑約為一百四十萬公里，大約是太陽系最大的行星木星的十倍、地球的一百倍以上。

人類如果墜落到如此巨大的太陽上會發生什麼事呢？太陽的內部呈現出的會是什麼樣的景色呢？在本書的開頭我們已經墜落到木星和天王星一探究竟過了，但這個太陽是相當於最終魔王的存在，墜落的時候請打起精神來！

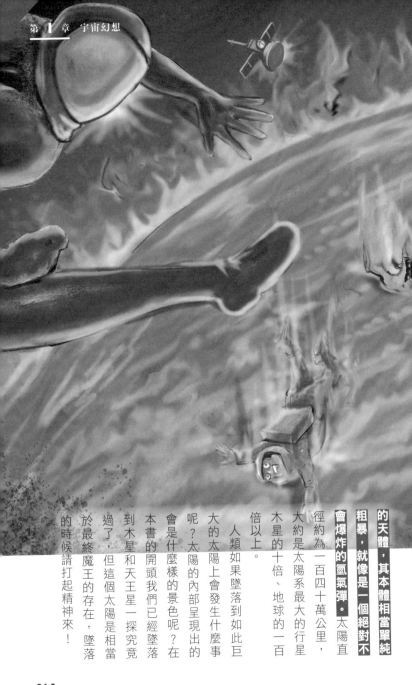

作為最終魔王的存在！試著墜落到炎熱的太陽上

首先，光是靠近太陽就是一個挑戰。在距離太陽七百至一千公里左右，會進入相當於是太陽大氣的「恆星冕（Stellar corona）」中，這裡的溫度高達一百萬度以上。

一百萬度給人一種所有的物質都會在一瞬間蒸發的感覺，然而，由於恆星冕的粒子密度較低，其實需要一段時間才會出現危急的情況。**這個道理如同，用七十度的水洗澡會馬上燙傷，但待在七十度的三溫暖中，短時間內不會有任何危險。**

儘管如此，長時間停留在恆星冕還是很危險，不過，這次穿了VAIENCE SUIT，所以相對上可以從容許多。

太陽發射出的輻射也是地球上無法比擬的，但託VAIENCE SUIT的福，可以完全隔絕輻射線。接下來就繼續朝著太陽的表面靠近吧！

隨著距離愈來愈近，也許可以觀察到太陽表面因為大爆炸產生的閃焰，或是看起來比周圍更暗，被稱為是「太陽黑子」的地方。

在沉迷於欣賞這些景象的同時，你也會離太陽的表面愈來愈接近。接著會遇到離奇的情況，**隨著與太陽的距離逐漸靠近，溫度卻會愈來愈低。**

在距離太陽表面一萬八千公里高的地方，溫

度為一百萬度，在兩千五百公里左右，溫度則約為數萬度，隨著距離的縮短，溫度會進一步下降，溫度最低的地方是五千度。

無論是溫度、重力還是壓力……全部都是最大等級

在感受氣溫變化的同時，我們抵達位於太陽表面的光球。

此時的溫度約為五千五百度，如果沒有穿著VAIENCE SUIT，勢必會瞬間蒸發，並被分解成電漿。另外，這裡的重力也非常強烈，太陽表面的重力大約是地球表面的二十八倍，人類當然不可能承受得了。

儘管稱為是太陽表面，但實際上太陽並不像地球那樣有明確的地面。**你們人類眼睛所看到的太陽表面只是一個光線無法通過的分界線。**因此，你會在幾乎沒有阻力的情況下，繼續朝著太陽內部墜落。

經過深度約一百公里至五百公里的光球後，會到達對流層，接著是輻射層。此時，溫度超過兩百萬度，溫度會在墜落的過程中進一步上升。據估計，壓力也達到一億大氣壓。

出乎意料的是，輻射層內部看起來一片漆黑。這是因為氫和氦原子的密度非常高，在光線進入眼睛之前，就會撞到其他原子而散開。**超高的溫度和壓力加上漆黑的炙熱地獄，大約持續了五十萬公里。**若是VAIENCE SUIT出現破損，你就會瞬間蒸發。請不要忘記，你現在可是靠著VAIENCE SUIT來維持生命。

終於抵達地核！不斷爆炸的核融合炸彈

恭喜你終於到達太陽的地核。在其最深處的溫度高達一千五百萬度，壓力超過兩千億大氣壓。另外，由於高度的重力，密度為每立方公分約一百五十克。順帶一提，地球上作為重質量粒子廣為人知的金，其密度大約是每立方公分約十九．三十二克。

這如此激烈的環境中，塑造你們世界的原子也會變得不穩定。在正常狀態下，帶正電的原子核在相互接近時會產生強烈的排斥作用，並且原子核之間不會碰撞。但在太陽這種恆星的地核，由於其過高的壓力和密度，原子核會相互靠近到碰撞的程度。

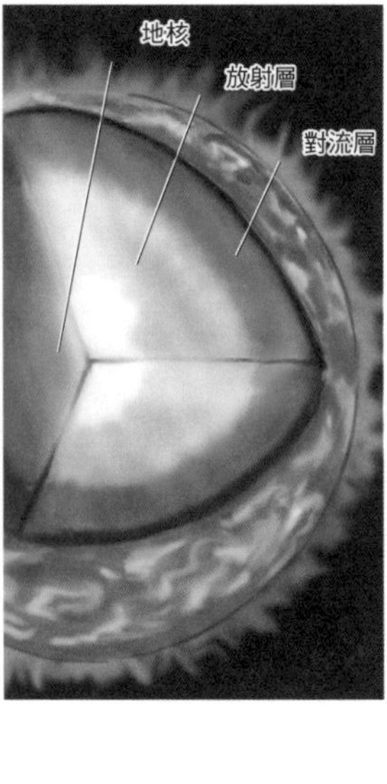

因此，在現在的太陽地核中，氫原子相互碰撞，並在最後產生氦和龐大的能量。這個現象稱為核融合，從原理上來說，與人類製造出的氫彈幾乎相同。換句話說，**太陽就像是一顆時常爆炸的巨大核融合炸彈。**

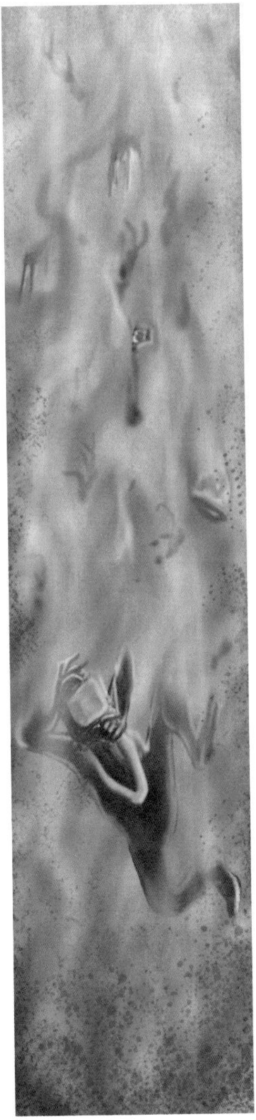

太陽每秒消耗約六億噸氫氣，並以光的形式釋放全世界所有人類大概可以使用一百萬年的能量。這裡是個悽慘到令人難以置信的地方，但**正因為這個地核，生命才能誕生在地球，並不斷地繁衍下去。**

接下來，好不容易產生出的光，很快就會因為與周圍的原子發生碰撞而消失。

有一種說法表示，**太陽地核產生出的光要花費一萬年左右的時間，才會到達對流層。**本來光只需要大概兩秒就能從太陽的地核到表面，但因為與原子發生碰撞後會變得零散，只能一小步一小步地前進，導致要花費的時間長到令人咂舌。

在溫度超過一千五百萬度，氣壓高達兩千億大氣壓的環境下，即便穿上VAIENCE SUIT，也不知道會發生什麼事。

請停止繼續往下墜落，盡快回到地球。如果不繃緊神經，可能會被分解成電漿喔！

這裡提到的恆星冕，與現在於地球造成轟動的COVID-19無關，請不要搞錯囉！

※恆星冕和COVID-19的日文原文相似。

想盡辦法活下去！VAIENCE的生存技巧

COLUMN

被雷擊中時的存活法

日本國內平均每年會收到五十萬件雷擊報告，其中約有數百件的雷擊災害對人、建築物、基礎設施等造成損害。

在這數百件災害報告中，每年約有四十件是雷電直接對人造成影響，但在日常生活中，其實遭到雷擊的機率是百分之〇・〇〇〇〇〇一。從機率上來看，似乎不必太過擔心，但每年都會有人因為雷擊死亡也是事實。

假設在沒有穿VAIENCE SUIT的情況下遭到雷擊，你要怎麼做才能活下來呢？

電流有兩類，分別是流經體內的電流，與沿著身體表面流淌並放電的電流。雷擊事故的死亡大多是因為體內電流。體內電流會對人體的臟器帶來電擊，根據電流的大小和流動的時間，會進入心肺停止的狀態。心肺停止時的治療方式是，會試圖利用電擊來重啟心臟功能，但雷擊的情況正好相反。之前還在跳動的心臟因為電擊而停止，在這種情況下，如果立即進行心肺復甦術，有機會可以救回性命，實際上也有幾個曾經因此而獲救的案例。由於雷擊導致的死亡率沒有報告的義務，所以有各種統計數字，範圍非常廣，有人說是百分之三十至百分之八十，也有人說是百分之九十，但直接遭受雷擊的情況，無論是哪一份統計資料都表示，約有百分之七十以上死亡。

那有哪些案例是在遭到雷擊後存活下來的呢？二〇〇六年，日本國立醫院機構災害醫療中心與日本國士館大學，在日本急救醫學學會總會上，共同發表了遭到雷擊後存活和死亡的案例。考察對象為在相同地方遭受雷擊的兩位受害者，一名成功活下來並出院，另一名則是直接死亡。其結果如下：首先，兩人皆因為同樣的雷擊而受害，緊急救援隊抵達時，兩人都處於心肺停止的狀態，在緊急運送的過程中，雙方都接受了心肺復甦的急救措施。由於無法準確得知身體受到的電流狀態，醫生觀察患者皮膚上的電紋，從其擴展的方向和電流的流向來推測，結果，活下來的人身體上的電流，有從口袋裡的手機向外釋放電力的跡象。醫生推測，可能存活下來的人，體內流經的電流比死亡的人少，所以沒有受到致命的傷害。

結論是，將手機放在口袋裡……並不表示可以從雷擊中活下來，不過運氣好的話有機會獲救，但也只是有可能而已。打雷時請逃到室內，或是老實地穿上VAIENCE SUIT。

第2章

喔？原來你是真的……想要被巨大的動物吃掉呀？真是個奇怪的人。那麼，如你所願，我就帶你踏上一段生物幻想之旅吧！

生物幻想

如果……

森蚺打結會發生什麼事情？

就算打結也能輕易解開？

幻想等級

身體長度約八・八公尺，重量約兩百四十九公斤，直徑約三十公分——這不是指電線桿，而是大蛇森蚺。森蚺棲息於南美洲的叢林，平時都潛伏在河流和沼澤中。成

年的森蚺不僅會捕食鹿和水豚，就連鱷魚和美洲豹也會被牠們當作獵物。

當然也有過人類受害的案例。**森蚺沒有毒，牠會用強大的力量勒斃並吞下捕獲的獵物。**如果是捕食大型獵物，森蚺可能會需要好幾個月的時間來消化，在此期間就算不進食也能夠生存。

吃完飯後，森蚺為了消化會停止動彈。這時就是個好機會，如果趁機把森蚺打結會發生什麼事呢？森蚺會在身體相互纏繞的情況下死亡嗎？

森蚺可以自行解開結，牠們身體的祕密是什麼？

先說結論，不要小看森蚺。

就算先麻醉森蚺再將牠的身體打結，在牠醒來張開眼睛的瞬間，也會咻地瞬間解開。若是沒有事先麻醉，即使派好幾個人去對付成年森蚺，只要牠抵抗，很有可能連結都打不了。

森蚺勒斃獵物的壓力相當於公車壓在人類的胸部上。如果不能順利地打結，過程中牠就會勒緊你的身體，並將你吞下肚。

儘管如此，為什麼森蚺能夠輕易地解開自己身體的結呢？這個祕密就在於其驚人的身體構造。

首先，必須特別提出的是脊椎，也就是脊椎骨的數量。

人類的脊椎由七個頸椎（頸部的骨頭）、十二個胸椎、五個腰椎以及一個薦椎（尾骨），共二十五個（數量可能會因人而有些許差異）組成。

然而，**蛇的脊椎只有體部和尾部兩種，而且有些物種的數量高達六百個。因此，蛇的整個身體部位都可以彎曲。**

此外，蛇的身體即使以刁鑽的角度彎曲，關節也不會脫落。這是因為蛇脊椎的連接處設有機關。

人類脊椎連接處是扁平的椎間盤，因為接縫是平的，所以關節只能彎曲到一定角度。相反地，蛇的脊椎，一側呈球狀，另一側呈插座狀，而且椎骨之間有五個連接處。**因此可以水平、垂直地自由移動，此外還可以防止脊椎過度扭曲，導致神經受損。**藉由這種脊柱構造，蛇同時兼具靈活和堅固。

回到主題，**即便把森蚺打結打成一個團子狀，其關節也不會錯位或鬆動。**

當然，如果是用會讓骨頭脫臼的力道打結的話則另當別論，不過要讓成年森蚺脫臼或骨折並不是件易事。

只有森蚺能夠制服森蚺……

順帶一提，成年的森蚺幾乎沒有敵人，在自然界唯一能夠勒斃牠的生物是另一隻森蚺。

二〇一二年在巴西觀察到的案例中，長約七公尺的**巨型雌性森蚺在交配後勒死雄性，並將其拖到樹叢中。**也可能是愛情的力量太強大，但不管怎麼說，這份愛的對象似乎不是雄性，而是腹中的孩子與自己。

雌性森蚺一旦懷孕，到分娩前七個月完全不會進食。在此期間，雌性實際體重中的百分之三十都提供給孩子，因此作為交配對象的雄性是懷孕期間寶貴的蛋白質來源。

除此之外，到目前為止已經觀測到多次雌性捕食雄性的畫面，對森蚺來說，這似乎是再普通不過的事。

總之，你們人類在叢林裡是極度纖弱的存在，不應該沒事去惹森蚺。

據說森蚺在吞食大型獵物時，為了避免窒息，會將氣管放到嘴巴外，從那裡吸取空氣！

道路上的垃圾會增加，依賴蟑螂授粉的植物也會受到影響

幻想等級

一直遭受人類厭惡的蟑螂，現在正為人類服務。在中國山東省廚餘垃圾處理中心裡，飼養著約三億隻的美洲蟑螂，牠們每天平均處理約十五噸廚餘垃圾。此外，有些

人還會將蟑螂當作蛋白質飼料。

周圍居民擔心蟑螂會逃出來，但該中心透露，他們有設下機關阻止這些「自願勞工」逃走。例如，只要蟑螂試圖爬牆逃走，就會對其噴水，使其掉入泳池中成為魚群的食物。但也有無論怎麼樣，都希望「蟑螂滅絕！」的人。接下來，就來利用VAIENCE SUIT的力量，讓蟑螂從世界上消失吧！

處理廚餘垃圾、對醫學的貢獻……其實蟑螂扮演著重要的角色

到目前為止，已經發現並記錄了約四千六百種的蟑螂。

不過，人類認定為「害蟲」的蟑螂其實不到其中的百分之一。大部分的蟑螂都安靜地生活在森林之中，很少會出現在人類的眼前。

就害蟲蟑螂而言，在蟑螂滅絕後的世界裡，不會因為無意中的遇到牠們而感到不適。然而，最近有研究指出，那些生活在高樓林立地區的昆蟲，會為人類分解都市的垃圾。

舉例來說，**在紐約百老匯大道的一個地區，每年有近一噸的廚餘垃圾被野生蟑螂等生物分解。**在沒有牠們的世界裡，都市的垃圾可能會比現在還多。

此外，蟑螂還在藥理學、免疫學、分子生物學等領域中，作為實驗動物派上用場。研究員貝爾塔・夏勒博士從蟑螂的研究中創立了新的學問領域神經內分泌學，並成為一九三八年諾貝爾獎候選人。這些發現也會因為蟑螂的滅絕而蒙受巨大的損失。

更嚴重的是，那些你們人類看不見，住在自然界的蟑螂消失。例如，其實**森林裡的蟑螂是優秀的分解者，牠們會分解動物的屍體、草木和糞便等**；亞馬遜河的蟑螂則是每年會處理掉百分之五・六的樹葉。

最新研究顯示，不僅是蟑螂，其體內的微生

物也有助於地球環境的保護。牠們負責將生物不可或缺的營養素氮送回土壤。如果失去這些功能，在土壤形成的過程中就會受到損害，進而影響植物生長，最終也會對食用該植物的食物鏈頂端動物造成嚴重的打擊。

此外，蟑螂在沙漠也扮演著重要的角色。棲息在美國亞利桑那州南部的蟑螂，會幫忙一種名為絲蘭的植物授粉。**當蟑螂消失後，失去愛情邱比特的花朵也註定會跟著滅亡。**生活在熱帶的蟑螂中也有會幫忙授粉的種類，這些花朵都會一個不留地「跟著蟲子一起消失」。

順帶一提，目前已經得知，棲息在日本森林中的蟑螂也具有傳播的作用，牠們主要是幫助一種名為水晶蘭的植物傳播種子。

最後，蟑螂這種「高品質肉類」消失也是一大問題。

蟑螂目前是爬蟲類、兩棲類、魚類、鳥類、小型哺乳類的珍貴蛋白質來源。事實上，蟑螂肉所含的蛋白質，比我們平常食用的雞肉高出近三倍之多。當支撐許多生態系統的貴重食物突然消失，動物、植物以及昆蟲的種類就會急遽減少，最糟的情況就是，許多物種可能會因此絕種。

其實人類是到近幾年才開始認真調查，蟑螂在生態系中占有多重要的地位。據說，未分類的蟑螂種類是迄今為止發現的三倍。今後將會有愈來愈多以蟑螂為主角的研究，人類也會愈來愈了解不受歡迎的蟑螂所帶來的恩惠。

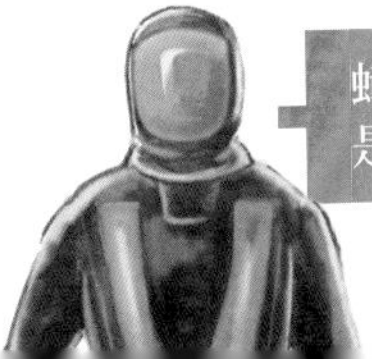

蟑螂沒有頭也不會死，但經過一段時間後似乎還是會餓死喔！

如果……

將一大群食人魚放入游泳池中會發生什麼事情？

全身會在一瞬間遭到撕裂，伴隨著劇痛沉入水底

幻想等級

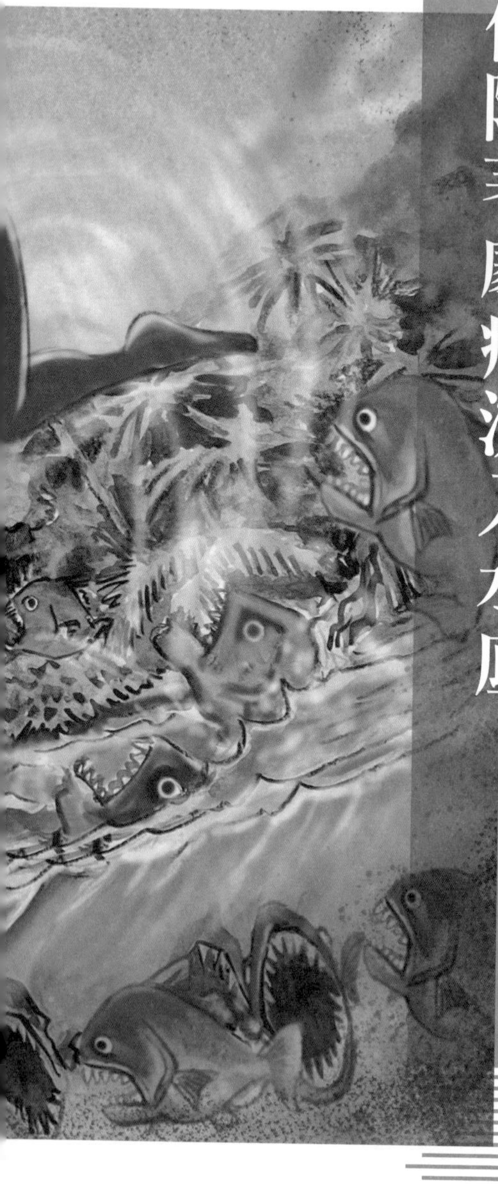

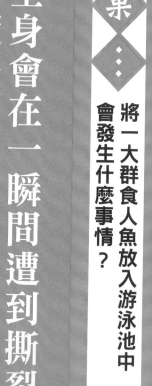

南美洲的大亞馬遜被稱為是地球最後的祕境，那裡面有許多可怕的獵人正在蠢蠢欲動。巨大的森蚺、黑凱門鱷等短吻鱷、電擊獵物的電鰻……在叢林中，就像畫中描繪的內容，每天都會出現弱肉強食的血腥鬥爭，其中有一種魚，被視為是特別凶猛的捕食者而備受恐懼，牠的名字就叫做食人魚。食人魚以凶殘著稱，有時甚至會襲擊鱷魚，是亞馬遜冒險格鬥中不可或缺的存在。假設有一個泳池裡充滿飢餓的食人魚，當你跳進去時會發生什麼事呢？會不會在一瞬間就化為白骨呢？

食人魚意外地很膽小？

說到食人魚，就會想到好幾百隻魚一起把獵物撕成碎片，只留下骨頭的畫面。

據說食人魚會給人「世上最可怕的熱帶魚」這種凶殘的既定印象，是因為在一九五三年一部義大利和德國合拍的紀錄片《Magia verde》中，出現一大群食人魚襲擊一隻小牛的畫面，但這其實和食人魚的真實樣貌截然不同。

意外地，食人魚普遍都很膽小。牠們成群結隊地生活也是因為膽小的關係，而且基本上不會主動襲擊人類。

即便亞馬遜河裡棲息了許多食人魚，每天都在河邊玩耍的當地孩子也幾乎沒有受到攻擊過。在亞馬遜，別說是無敵的帝王了，食人魚反而是許多天敵的獵物，像是恆河豚、水獺、鳥以及漁夫等。

雖說如此，食人魚之所以在亞馬遜可以繁殖地如此旺盛，原因就在於其特殊的牙齒。食人魚有著如刀一樣鋒利的三角狀牙齒，亞馬遜的居民甚至會拿來當作剃刀使用。牠們的下顎肌肉也很發達，能夠一口撕碎獵物的肉。

身體健康的話不會有問題但如果受傷的話……

假設現在你跳進一個滿是食人魚的泳池裡，會發生什麼事呢？一般人腦中都會浮現一瞬

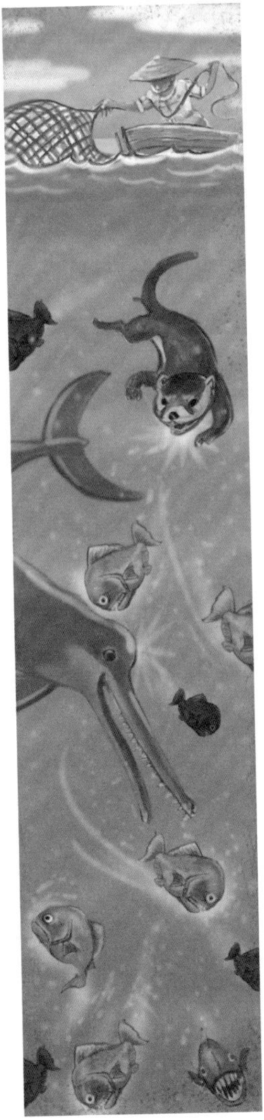

間只剩下骨頭的可怕畫面，但如果身上沒有傷口，應該什麼事都不會發生。不過，只要你身上有一點割傷或是流血，情況就會完全不同。

食人魚平時棲息在渾濁的亞馬遜河中，水中的能見度很低，因此牠們改用嗅覺來尋找獵物。食人魚**對血液的味道尤其敏感，即使是少量的血液，也能讓一群食人魚感到亢奮，並立即化身為失控的凶殘野獸。**

不過，若是被食人魚認定為獵物，就算不流血，也會演變成極為危險的情況。據說有一位水族館的飼養員無意中將手放在展示食人魚的水槽邊緣時，一隻手指被吃掉一半。**似乎是因為食人魚將飼養員的手指誤認為是平時吃的食物**，才會發生這起慘案。

接下來，就朝著滿是食人魚的泳池前進吧！

因此，在考慮到上述情況後，現在是時候跳

入充滿食人魚的泳池了！

既然都要跳進去了，也來了解一下食人魚的種類吧！

泳池中已經事先放入在食人魚中以凶猛著稱的紅腹食人魚，接著將受試者切開，並弄得滿身是血。但這會涉及到道德的問題，因此建議先將血液塗在VAIENCE SUIT上，如此一來，就可以在不傷害任何人的情況下，讓食人魚感到興奮。

在你一進入泳池的那一刻，食人魚就會聞到血腥味。亢奮的情緒會在魚群中蔓延，水面會一口氣冒出許多泡泡。興奮的食人魚會咬住你的身體，試圖從你身上吃到更多的肉。在咬下肉後，食人魚可以不咀嚼就吞下肚，所以能夠一口接著一口咬個不停。

另一方面，**每當食人魚咬一口，你就會感到微弱的刺激感和劇烈的疼痛。**但那種感覺也只是暫時的，不久後，食人魚就會吃掉包括你全身主要神經的肉，進而使你失去所有的感覺。

於是，剩下骨頭的身體會失去浮力，沉入泳池的底部，水面恢復平靜，剛剛的喧鬧就像謊言一般。

這段過程出乎意料地短暫。

為什麼食人魚傷人事件會增加？

據說近年來，食人魚頻繁造成事故。

二〇一三年，在流經阿根廷中部羅薩里奧郊

區的巴拉那河游泳的人中，大約有七十人突然遭到食人魚攻擊。所幸沒有出現死者，但有些人似乎因此身受重傷，其中就有一位七歲少女的手指被咬掉等。

此外，在二〇一二年和二〇一五年，巴西帕拉州也有小孩遭到食人魚攻擊而亡。

目前尚不清楚，為什麼那些本應個性膽小的食人魚會造成這些悲慘的事故。有些環境學家認為，這是因為環境異變，食物供應量減少所造成的結果。假設真的是因為人類的行為導致食人魚發狂，進而攻擊人類，確實挺諷刺的。

儘管食人魚如此危險，在當地其實被視為一種味道清淡美味的海鮮，相當珍貴。

食人魚吃起來的口感接近鯛魚，有時甚至會做成生魚片料理。

遇到食人魚，果然與其成為被吃的那方，成為吃的那方更幸福。嗯？你是說你想成為被吃的那方嗎？

在亞馬遜河很容易就可以釣到食人魚，但據說經常會遇到魚餌和釣魚線被咬掉的情況。

幻想等級

如果…

人類是無性生殖會發生什麼事情？

所有人類都是同卵雙胞胎，一個人被擊倒就會全數滅亡！

人類要想增加數量就只能生小孩。從還需要為此特地尋找對象這一點來看，作為增加數量的手段，這個繁衍方法的效率並不高。另一方面，**也有許多生物會透過一個個體產生新個體的方法，也就是無性生殖來繁殖。**

因此，讓我們一起來試著暢想一下，假設藉由VAIENCE SUIT的力量將人類改造成以無性生殖來繁殖的新人類，那未來將會發生什麼事呢？不僅所有的人類都是兄弟姊妹，大家還都是同卵雙胞胎。隨著世界單純化，少子化的問題也跟著得到解決。看起來這是個只有優點沒有缺點的方法，沒什麼好讓人反對的理由。

複雜的人類不可能無性生殖……？

各位可能會覺得只有微生物可以透過無性生殖※1來增加個體數量，例如細菌分裂等。其實多細胞生物中，也有即使身體斷掉、依然能再生的生物，像是渦蟲和海星，此外還有可以透過插枝增長的番薯和香蕉等。

以無性生殖繁殖的特徵是，新誕生個體的基因與父母會完全相同。目前沒有脊椎動物無性生殖的例子，不過，有一些脊椎動物會透過一種特殊的生殖方式「單性生殖」來繁殖。舉例來說，魚類中的雙髻鯊、爬蟲類中的科摩多巨蜥，以及鳥類中的火雞，都有觀測到雌性生下的未受精卵孵化的情況。單性生殖和無性生殖的組成不同，但就結果來說，都是產生出基因完全相同，相當於是複製人的個體。

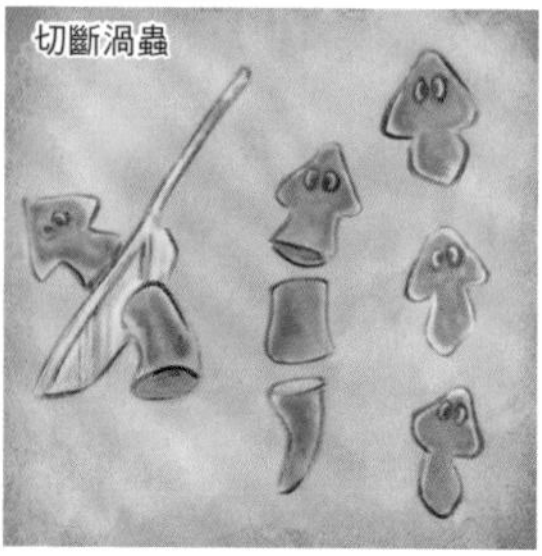

哺乳類中則是沒有觀察到單性生殖的繁殖案例。哺乳類從父母之一獲得基因的訊息，與基因本身有關，根據基因的不同，如果不從父親或母親那裡獲得，就無法發揮出作用。由於這種名為「基因體印記（Genomic imprinting）」的構造，即便成功以單性生殖孕育出的哺乳類胎兒，也很快就會死亡。

※1 無性生殖：單獨的個體產生新個體的方法，例如分裂或出芽等。

然而，這些話只能套用在野生環境。有研究顯示，以人為的方式消除基因體印記後的老鼠能夠以單性生殖的方式繁殖。如果排除倫理方面的原因，或許人類單性生殖也不是不可能。

這一次就讓我們往前踏出第一步，使用VAIENCE SUIT的力量，將人類改造成能夠跟細菌一樣分裂繁殖吧！受試者當然是你。為了讓你專心無性生殖，我們先將其他人類淘汰。之後，你就生產吧！增加吧！只要反覆分裂，世界將屬於你，不對，應該說是屬於你們的。

對厭倦現代社會的你來說，繁殖不需要交配的對象，應該相當地單純和輕鬆吧？這代表你的所有基因是人類歷史上傳播範圍最為廣泛的基因，大量個體皆使用這套基因。對於生物和基因而言，這個結果可以說是再成功不過。

不過，你的天下預計不會持續太長的時間。無性生殖確實是高效率的繁殖方式，但即使是藉由無性生殖增加的細菌，它們也會在個體間進行基因交換等，不會只是單純複製。

一般認為，高等生物主要會以有性生殖來繁殖，是因為比起增加個體數量，在混合基因上會有更大的優勢。對於只能無性生殖的你來說，到底會面臨什麼樣的悲劇呢？

如果複製失敗，就會形成地獄……
再加上無法競爭，導致全數感染

第一個悲劇是有害基因的增加和累積。在你

分裂的時候，沒辦法每一次都製作出完美的複製人。基因會在一定機率下複製失敗，並由其他基因取代。如果取代的是一個有害、會對生命活動產生不良影響的基因，而且該基因還不幸地傳到後代，最後所有的個體都帶著有害的基因……這時候已經無法回頭了。出現這種情況的機率非常低，不過一旦發生，那遊戲就結束了。這個現象如同齒輪機構※2，一旦轉動就無法再往回轉，因此被稱為是「繆勒氏齒輪（Muller's ratchet）」。

實際上，有人利用人為的方式限制單細胞生物進行基因交換，結果發現其體內的有害基因增加，並對生命活動造成阻礙。

人類也曾發生過類似的情況。

在過去，世界各地有許多王室成員，為了維持權威，而選擇近親結婚、生子。結果，這就導致了藉由融合其他基因來排除有害基因的機制無法產生作用，部分王室人員因此飽受疾病之苦。

例如，埃及圖坦卡門法老因為腿部畸形而難以行走；一度在歐洲擁有極大影響力的哈布斯堡家族，這支血脈到末期，一種名為哈布斯堡下巴的咬合不正卻成為常態化，而且哈布斯堡家族的孩子喪命的機率，比生活水準極差的貧苦農民還要高上許多。

若以前的王室有接受外部血統的度量，也許就能夠避免這場悲劇。不過，複製人的周圍只有擁有相同基因的你，而且一旦開始旋轉的齒

※2齒輪機構：往某個方向旋轉後，就無法往反方向旋轉的構造。

輪無法再往回轉。可以肯定的是，有害基因一定會緩慢地侵蝕你的孩子。

第二個悲劇是，對於瘟疫等環境變化，你會異常敏感。有害的細菌和病毒只要能感染你一個人，就等於是感染全部的人類。出現專門針對你的病原體也只是時間的問題。

各位知道最近有類似的事情正在威脅全世界的餐桌嗎？

香蕉是日本人消費金額最高的水果，現在一般家裡餐桌上的香蕉大多是一種名為香芽蕉的無籽品種，因此只能透過分株這種無性生殖的方式來繁殖，結果就導致餐桌上的香蕉都是基因相同的複製品。而且**從二〇一〇年代就已經開始流行巴拿馬病（TR4），這是一種會感染香蕉的恐怖疾病，讓人不禁擔憂將來香蕉可能會從餐桌上消失。**

你是不是覺得我太小題大作？到一九五〇年代為止，最常見的香蕉是另一種名為大麥克香蕉的品種，但隨著其他種類的巴拿馬病的流行，現在幾乎絕種了。也許香芽蕉也會有同樣的結局。不過，香蕉可以用其他品種來替代，但沒有人可以取代你。

對於長久的繁衍來看，果然必須要有一定程度的多樣性。

喔？不喜歡複雜的世界嗎？

不用擔心啦！人類應該不會愚蠢到因為膚色或文化的差異、居住的國家或區域而展開醜陋的爭鬥吧？

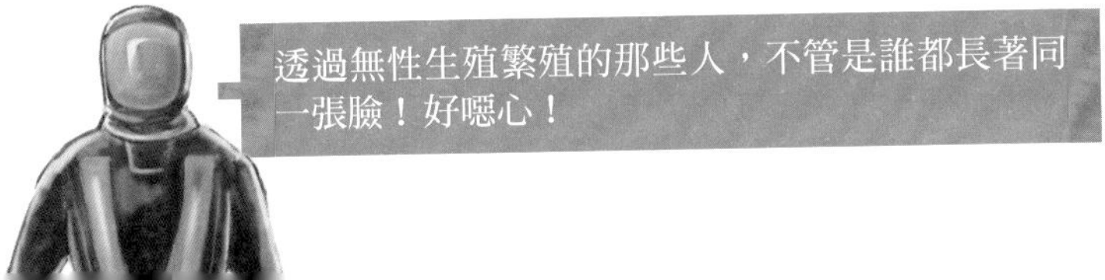
透過無性生殖繁殖的那些人，不管是誰都長著同一張臉！好噁心！

如果……

感染食腦變形蟲會發生什麼事情？

大腦會溶解，進而死亡……

幻想等級

對於寄生生物來說，殺死宿主是很嚴重的戰略失誤。這個道理與各位讀者重視自己居住的房子一樣。一〇四頁介紹的隱魚就是相當有禮貌的寄生生物，不會導致作為宿主的海參死亡。

然而，世界上也有完全不在乎宿主，可以說是處於失控狀態的寄生生物。你知道在這種可怕的生物中，有一種又名為「食腦變形蟲」的生物嗎？**這種生物的致死率高達百分之九十七以上，若是遭到感染並出現症狀，最後大腦將會呈現像是溶解般的狀態。**

當人類不幸感染變形蟲的時候，會發生什麼事情呢？

絕對不想中獎 感染食腦變形蟲

又名為食腦變形蟲的變形蟲，其正式名稱為「福氏內格里阿米巴原蟲（Naegleria fowleri）」。世界各地的溫暖淡水區都有其蹤影，目前已知，食腦變形蟲會在水溫太低時進入休眠狀態。牠們的棲息地範圍很廣泛，舉凡池塘、湖泊、沒有消毒完全的自來水、游泳池以及溫泉等，就連較接近人類生活的地方也可以發現蹤跡，所以有可能在不知不覺中遇到牠們。

正常情況下，變形蟲只會捕食細菌，不會特別危害到人類。但**如果是在活躍狀態下入侵到人類的鼻子深處，可能會引發名為「原發性阿米巴腦膜腦炎（Primary amoebic meningoencephalitis，PAM）」的可怕疾病。**

雖說如此，從一九三七年到二〇一八年這八十一年間，包括疑似病例，僅有三百八十一件罹患原發性阿米巴腦膜腦炎的病例。從報告可得知，大多是因為玩水而感染，但據推測，單就二〇一九年這一年，溺死的人數就高達二十三萬六千人。所以這只是一個感染率萬分之一的症狀而已，不必太過懼怕變形蟲。**目前也已經證實，即使水裡面有處於活躍狀態的變形蟲，飲用了也不會發病**，而且據報告顯示，也有許多沒發病的人具有抗體。可以說，得了原發性阿米巴腦膜腦炎就像是中了不幸的樂透。

那如果作為讀者的你中獎了會發生什麼事情

呢？日本國內已經出現少量的案例，再加上夏天應該有很多人會去池塘或湖泊玩水吧？如果變形蟲伴隨著大量的水入侵你的鼻子深處，會發生什麼事情呢？

現在，在水中捕食細菌的變形蟲，突然被沖進一個陌生的空間。那是位於人類鼻子深處的鼻甲，整體的環境溫度大約維持在三十七度，於是喜歡高溫的變形蟲開始尋找食物。之後變形蟲多半會被附近黏膜下的嗅覺神經所吸引，並在增殖的同時入侵黏膜。當然，人體準備了好幾層防護牆來抵禦入侵者。鼻甲分泌出的抗體會附著在異物上，使其難以接觸到黏膜，萬一真的讓異物侵略成功，也會由作為白血球之一的嗜酸性球帶頭反擊。除非你是不幸的中獎者，要不然在這個階段應該能夠擊退變形蟲。不過，變形蟲一旦抵達嗅覺神經，便能夠經由神經直接移動到大腦的額葉。

當大量的變形蟲到達大腦時，構成大腦的神經細胞會成為牠們的食物並助長其繁殖。變形蟲散布的蛋白質，具有破壞周圍細胞細胞膜的作用，因此大腦的神經細胞會開始受損，**這就是原發性阿米巴腦膜腦炎發病的過程。**

到這個階段為止，從變形蟲入侵鼻甲已經過了大概一到九天。症狀有頭痛、暈眩、高燒、噁心等。即便在這個時候去醫院，大部分也都會被診斷為因為細菌或病毒引起的腦膜炎。原發性阿米巴腦膜腦炎有一個可怕的特徵是，除非專門去檢測變形蟲，沒有其他方法可以找到其與腦膜炎的差異，因此，等到發現時，都已經為時已晚。**事實上，有七成的患者都是在死後才診斷出確切的病名。**

對於不幸讓變形蟲入侵大腦的你來說，已經沒剩多少時間了。據說，在發現感染原發性阿米巴腦膜腦炎後，醫生都會告訴家人：「這可能是最後一次和病患說話了，請把握機會，將想說的話都說一說。」由於一些尚未明瞭的原

因，大部分的患者都是健康的男性，這也讓家人更加難過。

大腦溶解
就算活下來也會受到極大的傷害

有不少案例在頭痛和暈眩持續惡化後，還會引起幻覺和痙攣，進而陷入昏迷。這是免疫系統在檢測到變形蟲後，為了擊退變形蟲而導致大腦發炎的結果。然而，變形蟲有一套防禦對策——「膜攻擊複合物」，為攻擊免疫系統的主要手段之一。再加上體溫因為發炎上升，對喜歡高溫的變形蟲反而更有利。**在遲遲無法趕走變形蟲的情況下，時間一分一秒地流逝。**與一般的疾病不同，原發性阿米巴腦膜腦炎不會

隨著時間而痊癒，而是對人體愈來愈不利。人體建造了一個名為頭蓋骨的堅固城堡來避免大腦受到衝擊，但在腦內發炎時，這個堅固的城堡就變成一座絕對無法攻破的監獄。大腦在受到壓迫的情況下，腦脊髓液的壓力可能會比正常範圍高出好幾倍甚至好幾十倍。

當然，醫院也不會因此袖手旁觀。醫生會盡最大的努力，大量投用多種殺菌藥，其中還包括副作用過強、通常不會使用的種類，並採用以人為的方式降低體溫的目標溫控治療。然而，即便採取這些治療方法，致死率仍高達百分之九十七以上。結果由於大腦中對生存來說不可或缺的部位受損，最終等待你的結果是腦死。病程從開始到死亡的平均時間大約十天。

也有一些案例因為變形蟲分泌的蛋白質使大腦溶解，驗屍時大腦已經無法保持半圓狀。

即便成功挽救生命，基本上也會因為大腦受到損傷，不得不進行好幾個月的復健治療。據說在某個案例中，醫院奇蹟般地救回了一位八歲男孩，但**他的大腦受到嚴重的損傷，在經過超過兩個月的復健治療後，依然連一句話都無法說，偶爾還會全身痙攣，無法過著正常的生活。**可悲的是，他大概一輩子都沒辦法康復。

可怕的食腦變形蟲，也就是福氏內格里阿米巴原蟲，突然奪走一個人的健康人生是非常罕見的情況。不過，那個小到肉眼看不見的微小生物，今天也潛伏在你的身旁，或許牠下次露出獠牙的對象就是你也說不定。

直接用未經消毒的自來水洗鼻子，除了導致福氏內格里阿米巴原蟲入侵外，還有感染非結核性分枝桿菌，以及引發慢性鼻竇炎的危險。

健康

如果……

生吃蛞蝓會發生什麼事情？

幻想等級

最糟的情況是，昏迷超過一年或因嚴重的後遺症死亡

在雨後的夜路、昏暗的樹林中、潮溼的屋簷，「牠們」無處不在。這難道是指幽靈嗎？不是，是更加噁心的生物。沒錯，就是蛞蝓。蛞蝓的生態比其外貌還要奇妙。**牠們是雌雄同體，意即當兩隻蛞蝓交配後，兩隻都會產卵。**長在頭上的觸角中，上面兩個大的負責視覺和嗅覺，下面兩個小的掌控嗅覺和味覺。

由此可知，蛞蝓相當依賴嗅覺，但牠們的視覺非常不好，只能夠判斷明暗。儘管蛞蝓這麼怪異，但至少牠們在日常生活中不會對人類造成危險。不過，如果人類將蛞蝓吃下肚的話情況就會大為不同。吃下蛞蝓的人類會發生什麼事情呢？

食用蛞蝓者的悲慘末路
到死亡的前一刻都苦於後遺症

二〇一〇年，澳洲有一位十九歲少年，名叫山姆・巴拉德（Sam Ballard），當時他是前途無量的橄欖球選手。有一天，他在自家庭院開派對，一副大人的樣子和朋友一起喝紅酒，這時，有一隻蛞蝓爬了出來。據說，在朋友的慫恿之下，巴拉德接受挑戰，一口吞下蛞蝓。

不幸的是，悲劇不僅發生在被吃掉的蛞蝓，還襲擊了吃掉蛞蝓的少年。過了幾天，巴拉德的腳出現疼痛症狀，前往醫院檢查後，診斷出是罹患了「廣東住血線蟲感染症」，也就是遭到血線蟲寄生，隨後還出現腦膜炎等併發症，並持續昏迷了一年多。在恢復意識後，巴拉德的身體留下嚴重的後遺症，頸部以下癱瘓，日常生活無法自理，需要二十四小時的照護，所以他的家人和朋友努力藉由物理治療等方法幫助他恢復健康。然而，**巴拉德最後還是在吞下蛞蝓的八年後，也就是二〇一八年永遠地離開人世。**

折磨巴拉德的廣東住血線蟲是一種大小約二到三公分的寄生蟲，棲息地分布在世界各地，在日本也曾出現相同的病例。溝鼠是其主要的寄生宿主，不過中間宿主有淡水蝦、螃蟹和青蛙等，是造成人類感染的感染源。此外，蝸牛和蛞蝓也有可能成為宿主，如果誤食在蔬菜上的蝸牛或蛞蝓，就有可能引起感染。所以，如果吃了帶有廣東住血線蟲的蛞蝓會發生什麼事情呢？

當下什麼都不會發生，但經過二到三十五天的潛伏期後，症狀會愈來愈明顯。一開始是低燒、劇烈頭痛、嘔吐、腦神經麻痺等，此外，還可能會出現明顯異常的症狀，例如肌力大幅下降、知覺出問題、四肢疼痛等。在這個情況下，你會非常後悔自己生吞蛞蝓，但覆水難收。**若是以藥物殺死寄生蟲，可能會導致發炎症狀進一步惡化，因此只能把希望放在身體的免疫力上。**運氣好的話，在被上述的症狀折磨二到四週後，就會逐漸恢復健康。

不過，若是運氣不好，結果會更加悲劇。闖入體內的廣東住血線蟲會以大腦為目標，有時甚至會進入大腦內部。**寄生蟲一旦入侵大腦內部，就無法再次走出大腦，並且會在腦中持續造成傷害。**人類的免疫系統會進行反擊，導致大腦發炎。最壞的情況是失去性命。有些人會覺得吃蛞蝓的人很愚蠢，但其實寄生蟲也會潛伏在蛞蝓經過時留下的黏性殘留物中。在你吃的萵苣中殘留著蛞蝓的痕跡也不奇怪，所以青菜最好用清水澈底清洗乾淨會比較好。

順帶一提，如果吃了沒有帶寄生蟲的蛞蝓，會發生什麼事情呢？遇到這種情況時，不會出現你期待的可怕結果。在令人噁心的口感充斥你的口腔後，一條可憐的小生命就會在胃裡慢慢消化。口感大概就像是海螺一樣，儘管如此，還是不要模仿會比較好喔！

那個覺得吃蛞蝓很愚蠢的你！明明就和吃海螺差不多啊！

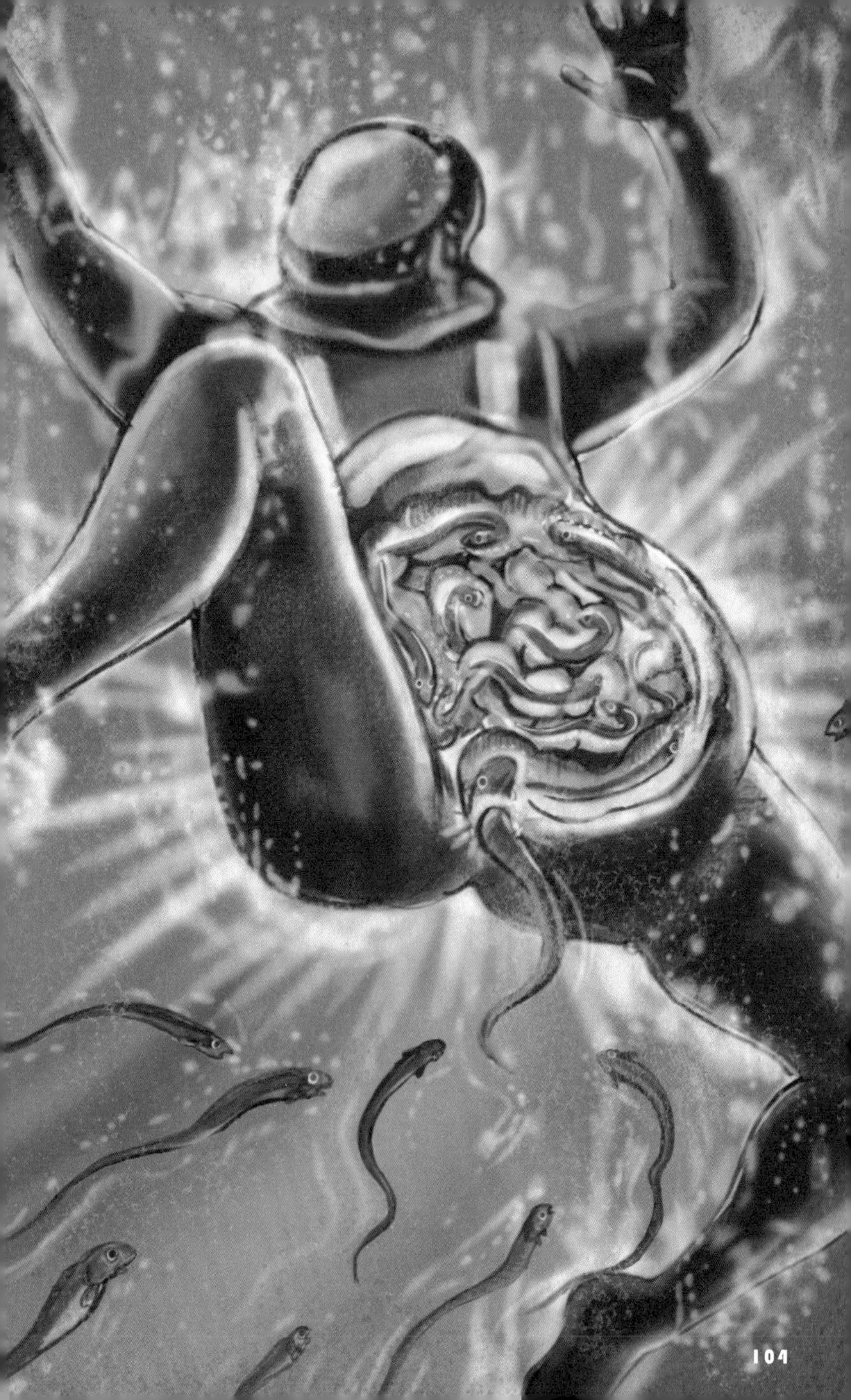

如果…

隱魚寄生在人類的屁眼會發生什麼事情？

日常生活會苦於便意，最糟的情況是內臟被吃掉！

幻想等級

名為智人（Homo sapiens）的猿人中有一部分的個體具有獨特的喜好，他們會做出其他動物不太會出現的行為，也就是將各種物體插入肛門中。蔬菜、水果、燈泡還算是小意思，有時還會出現一些脫離常軌的案例，例如塞入混凝土、活鰻魚、點燃的煙花等。與此相反，**有一種叫做隱魚的魚類具有另一種獨特的生活方式，那就是入侵海參等其他生物的肛門。**當想將其他事物放入肛門者和想進入其他生物的肛門者，存在於同一個時代時，這兩者必定會相遇。假設隱魚寄生在人類的肛門會發生什麼事情呢？在這本書中，終於要實現這個世紀之交！

對海參來說超困擾！寄生在肛門的隱魚

歸類在隱魚科的魚類廣泛分布在溫帶到熱帶的海域。隱魚科裡有超過三十種的物種，並非全部都寄生於其他生物，也有一些種類的生態習慣如同人類印象中的「普通」魚類。

另一方面，有許多種類會與貝類、海星以及海參等無脊椎動物共生。

其中有一種隱魚，主要是寄生在海參的肛門中，也就是本篇要來探討的主角。

為什麼隱魚喜歡進入海參的肛門呢？

目前已知，隱魚是體型較小的魚類，最長不過三十公分，身體像鰻魚一樣細長，而且幾乎沒有鱗片。

看樣子，牠們是為了保護柔軟的身體，才進化成隱藏在其他生物內部的樣子。

這種生存策略並不少見，像是與海葵共生的眼斑雙鋸魚，或棲息在人類腸道中的腸內細菌等。不過，竟然會有生物在地球眾多的棲息地中，選擇生活在海參的肛門這種環境，不得不讓人感受到生命的頑強。

隱魚對海參的肛門相當執著，有些種類甚至會靠著海參分泌的化學物質所散發的微弱氣味

找到海參。

而且在入侵之前，會做出像是測量海參體長，或是確認裡面是否有其他隱魚的動作等，仔細考慮後才會決定是否入住。

接著，在找到喜歡的海參後，隱魚會開始從頭部或是尾巴強行扭動身體，入侵海參內部，光想像就足以讓人冒冷汗。

當然，這個行為對海參來說相當困擾，所以海參會緊閉肛門抵抗。

然而，可悲的是，**隱魚會瞄準海參經由肛門呼吸的瞬間，扭動身體並成功入侵到內部。**

通常海參一感到危險，就會吐出腸子趕走敵人，但奇怪的是，牠們很少對入侵肛門的物體啟動防禦機制。

住在人類腸子裡的隱魚超乎想像地噁心

像這樣擁有獨特生態習慣的隱魚，如果開始執著於人類的肛門會發生什麼事情呢？

對於積極地想要將異物放入肛門的一部分人來說，這不是求之不得的事情嗎？除了有這種特殊慾望的人以外，也有不少人會為了減肥，主動將作為寄生蟲之一的絛蟲放入體內。所以就算增加了一種寄生於人類的動物，應該也不是什麼值得大驚小怪的事情。

不過，我必須說一個對部分讀者來說相當遺憾的消息，隱魚寄生在人類肛門的可能性其實非常低。

首先，你們人類的肛門與海參不同，入侵的空隙極小。人類的肛門內括約肌是一種經常收縮的稀有肌肉，與海參不同，人類不會從肛門呼吸，所以隱魚沒有辦法扭轉身體。即便成功進入，人類的直腸內也不是充滿水分的環境，隱魚最後會因為無法呼吸而立即死亡。

然而，正如本篇文章開頭所介紹的，人類的肛門可以容納比想像中更粗的物體，而且也有像大彈塗魚一樣進化成可以用皮膚呼吸的魚。如果你有無論如何都想要把隱魚放進肛門的鋼鐵意志，再加上花費大量時間等待隱魚進化成會用皮膚呼吸的物種後，或許隱魚就有可能寄生於人類的肛門。

在這種情況下，會發生什麼事情呢？

入侵到海參體內的隱魚中，有些種類會在晚上出去找食物，也有一些種類是為了以海參的內臟為食而寄生。也就是說，你會體驗到隱魚在一天中多次進出或是內臟被吃掉這兩種地獄中的其中一種。

目前也有觀測到隱魚的牙齒很銳利，並刺穿海參從裡面鑽出來的樣子，所以你的腸子可能會被穿洞。隱魚在腸子上穿洞後，最糟的情況是腹膜炎引起的敗血症，會危及性命，相當地危險。對隱魚來說，好不容易寄生的宿主死掉，既賠了夫人又折兵，所以只能祈禱牠們能夠珍惜宿主。

但是，即便隱魚沒有吃掉內臟，牠們依然會對人類造成很大的負擔。

就海參的情況來說，目前觀測到的樣子是，本應頭朝著海參鑽入的隱魚，頭部卻從海參體內冒出來等。由此可見，隱魚似乎不會一直待在海參的體內。人類的直腸遭到物體入侵，會產生排便反射的本能反應，因此，人類會**被迫在日常生活中判斷，現在到達直腸的是隱魚還是糞便。**

再加上寄生的隱魚不會只有一隻，**相反地，兩隻以上的隱魚生活在同一隻生物體內的情況並不少見。**在較為極端的例子中，甚至有一隻海參的體內寄生了十五隻隱魚，讓研究者啞口無言。

目前尚未得知為什麼會有多隻隱魚寄生在同一隻海參身上，為了交配是目前最有說服力的說法。換句話說，當人類獨自一人壓抑排便的衝動時，入侵到體內的隱魚可能正在享受人生，不對，是魚生的春天。如果像剛才提到的海參一樣，十五隻隱魚一起生活在同一個肛門裡，那春天也許會潰爛。

遺憾的是，應該很少有人會想要跟把魚插入肛門的人戀愛。雖說如此，在將隱魚放入肛門時，就等於是滿足了一個慾望，所以無法戀愛可能不會構成問題。

沒問題的！你並不是一個人！因為你的屁眼裡還有隱魚啊！

就算身為讀者的你是什麼都想放入肛門的人，我也絕對不會拒絕你！大概吧！

猛瑪象復活會成為守護地球環境的英雄？

幻想等級

閱讀這本書的人中，應該沒有人不知道猛瑪象吧？那有誰看過活生生的猛瑪象嗎？想當然，應該沒有人看過。不過，在不久的將來，可能會有許多人回答「看過」。

猛獁象中最著名的真猛獁象在冰河時期於廣闊的北半球，遊蕩了超過三十萬年。但在距今約四千年前，猛獁象突然從地球上消失了。**目前認為可能是因為，人類的狩獵、氣候暖化、非主食的禾本科繁殖旺盛等，但尚未找到確切的原因。**

如果本應滅絕的猛獁象在現代復活，究竟會發生什麼事情呢？

愈來愈接近現實 真猛獁象再生計畫

美國生技公司COLOSSAL於二〇二一年九月宣布一項計畫，內容是要**復活真猛獁象，並引進凍原**※1。

方法是改變亞洲象的基因，因為亞洲象與真猛獁象的DNA一致程度超過了百分之九十九・九。

理論上，將受精後的亞洲象卵子切取掉部分DNA，並插入真猛獁象的DNA，就能誕生出混血的真猛獁象。

聽起來很簡單，但事實上並非如此。

DNA的基本單位為鹼基對，大象的鹼基對數量為三十億，因此，即使差距不到百分之〇・一，訊息量依然龐大到難以掌握。

此外，目前還沒有從大象身上成功提取出卵子的案例，也不能夠保證將來會成功。所以COLOSSAL同時也在研究，如何將大象一般的組織細胞恢復成未分化狀態，從中分化成胚胎。

最困難的關卡是要在哪裡培養受精卵。

通常最穩妥的方法是，將基因重組的胚胎放回大象的子宮培育。但由於亞洲象的數量相當稀少，不可能準備足夠數量的母象來生育一群猛獁象。

因此，**COLOSSAL選擇的方式是，用塑膠子宮來培育猛獁象。**

※1凍原：地面終年結冰，並形成岩石的土地或地區。

過去有過藉由人工子宮使綿羊和老鼠成長的案例，但沒有實際「生產」的例子。再加上大象體型較大，預計很難順利達到目的。

儘管如此，COLOSSAL的經營者之一遺傳學家喬治・丘奇（George Church）博士表示，**預計最快會在六年後誕生出第一隻「混血猛獁象」。**

如果這個野心勃勃的計畫真的一切順利，在現代創造出一群猛獁象，那可能會發生什麼事情呢？

俄羅斯生態學家謝爾蓋・齊莫夫（Sergey Zimov）博士，在西伯利亞的永凍土溶化後，發現藏在其中的溫室氣體，例如甲烷和二氧化碳等，會排放到大氣中。因此，他在凍原開設了「冰河世紀公園」，並引進野牛等大型草食動物來踩踏地面，使地面更堅固。

齊莫夫博士得出的結論是，猛　象不僅能夠適應寒冷的氣候，體重也很重，相當適合這項工作。於是他與COLOSSAL計畫好，**如果猛獁象復活成功，就將牠帶到冰河世紀公園中。**

或許在冰河世紀公園咚咚咚地踏雪，使雪地更堅固的猛獁象不是吸引遊客的吉祥物，而是守護地球環境的英雄。

讓我們一起期待今後的研究吧！

美國費城兒童醫院的研究小組仿造子宮結構，創造出獨立的子宮系統「生物袋（biobag）」，成功使早產的綿羊正常發育。

如果……

被鯨魚吞下肚會發生什麼事情？

在四個胃中慢慢地遭到溶解……

幻想等級

鯨豚類是水生哺乳類最成功的群體。雖說統稱為鯨魚，目前其實已經發現超過八十種，生態習慣也相當多樣。其中藍鯨是世界上最大的動物，全長甚至達到三十三

公尺；抹香鯨則是可以潛到水深三千兩百公尺處，並在水下停留一百一十二分鐘；虎鯨和海豚也是鯨豚類的一員。

鯨魚的飲食習慣也各不相同，有大量捕食浮游生物的長鬚鯨、吸食海底的泥土並過濾出蝦類食用的灰鯨，也有如座頭鯨一樣製作出泡沫並將魚關在泡沫中捕食的鯨魚。**如果人類被這些巨大的鯨魚吞沒會怎麼樣呢？**相信不管是誰都曾幻想過被鯨魚吞食的情景吧？現在終於到了實現的夢想的時候。

戰戰兢兢！我們將要被鯨魚吞食！

「下個瞬間，眼前變得一片漆黑。」

潛進水中捕捉龍蝦的帕卡德（Michael Packard），在美國的麻薩諸塞的沿海上遭到一頭座頭鯨生吞。他拚命地掙扎，大約三十秒後，鯨魚在水面附近吐出帕卡德。根據專家的說法，帕卡德並沒有遭到襲擊，**「只是在錯誤的時間出現在錯誤的地點」**。從鯨魚的角度來看，牠明明是在為了吃魚才張開嘴巴，卻感覺混入了「異物」。這是意外捲入的事故，但人類其實不是第一次在無意中被鯨魚吸入嘴裡。

二〇二〇年，有兩位女性在美國加州的沿岸乘坐橡皮艇進入鯨魚的嘴裡。受害者之一的麥克索莉表示**「水上出現一大群魚後，看見鯨魚浮出來」**。一起遭到吞沒的另一位女性卡特琳似乎感受到接近死亡的恐懼，她驚呼：**「我還想說離超近！下個瞬間突然浮起來，接下來就在水中！」**不過她們很快就從「鯨魚的遊戲」中解脫，結果，平安歸來的兩人得到一段驚心動魄的回憶。

另一個事件發生在二〇一九年的南非。有著十五年潛水經驗的萊納某天與同事一起去拍攝沙丁魚群，他表示「正在拍攝鯊魚衝進魚群時，周邊突然一片漆黑，並且從周圍感受到壓力，我立刻就知道自己被鯨魚吞進嘴裡」，最後萊納也平安無事地被扔到海裡。

有趣的是，這些進入鯨魚嘴裡的人很快就都被吐出來。**其實鯨魚的食道普遍都非常狹窄，無法吞嚥人類。**以將帕卡德吞進嘴裡的座頭鯨為例，座頭鯨的喉嚨大概相當於人類的拳頭大小，即使吞入大型獵物，也只能擴大到直徑四十公分左右。

然而遺憾的是，或者可以說慶幸的是，從解剖學的角度來看，世界上只有一種鯨魚可以完整地，將人類吞下肚，那就是抹香鯨。目前有記錄顯示，抹香鯨可以吞下長達十四公尺的大王酸漿魷。如果是抹香鯨，那吞食人類就不再是不可能。

被抹香鯨吞下肚後會發生什麼事呢？穿上VAIENCE SUIT去看看吧！

如果被抹香鯨吞下肚會發生什麼事呢？

當你休假日在冰涼且碧波蕩漾的大海中享受潛水時，有一個巨大的影子與你的距離愈來愈近。不知道是不是因為你的輪廓長得像條魷魚，總長十五公尺的抹香鯨突然朝你襲來。

一頭成年的抹香鯨的下顎會長出五十多顆長約二十五公分的圓錐形尖牙。

看起來很可怕吧！你的身體應該會立刻被咬碎吧？

其實抹香鯨的上顎沒有牙齒，甚至尚未成年的個體連下顎都還沒長出牙齒。另外，也有報告指出，抹香鯨那些看起來很殘暴的牙齒實際上有可能不太用於咀嚼。你在被咬了之後，也許會意外地發現只是擦傷而已。

在被鯨魚吞進嘴裡後，會先抵達牠的食道。眼前一片漆黑，因為外面的光照不到裡面，如果你手裡有手電筒，請打開電源。這時，你應該會看到黏黏滑滑帶點黃色的白色黏膜正在將你推向抹香鯨的胃部。不久就會到達胃裡，**沒想到抹香鯨的胃分成四個部分。**

接下來是漫長的消化之旅。第一個胃的周圍覆蓋厚厚的肌肉，用來磨碎食物。你將會和先來一步的大王酸漿魷殘骸一起慢慢地被壓碎。下一站是第二個胃，整個胃的表面布滿著網狀的皺褶，像是在燒肉店看到的蜂巢胃。皺褶裡的細胞有非常高的占比會分泌出鹽酸。在這裡待一段時間，你的身體應該會逐漸被主要成分為鹽酸的胃酸消化。

你溶解後的殘留物會抵達第三個胃。在這裡，會有比剛剛稍弱的肌肉力量再次擠壓你，同時還會有胃酸繼續將你消化。之後第四個胃也一樣，蛋白質會澈底溶解，當到達小腸時，已經看不到你的蹤跡，想必已經成為「營養」被鯨魚的身體吸收。

最後，你的骨頭等沒有吸收完全的殘骸，會從鯨魚的屁眼釋放到海裡。這次穿著VAIENCE

SUIT，沒有遭到溶解，所以請你從鯨魚的肛門爬出來。

由上述的情況可以得知，一旦遭到抹香鯨吞下肚，就幾乎沒有活下來的機會。在事情發生到無法挽回的狀態前，難道就不能像動畫一樣，藉由鯨魚的噴泉來逃脫嗎？最後讓我們帶著一絲希望，思考一下可能性。

噴泉是鯨魚從名為噴氣孔的鼻孔釋放出空氣的現象。左邊的鼻道直接連接噴氣孔，但那裡非常狹窄，人類進不去。

相反地，右邊的鼻道寬度較寬，順利的話，人類或許也可以進入其中。

不過，右側鼻道與名為前庭囊的器官相連，並且前端以極細的管子與噴氣孔相連，所以沒辦法出去。**在進入鼻道之後，你會在鯨魚吸氣的瞬間，被拖到體內深處，所以不管怎麼努力都沒用。**

最好的辦法就是不要被鯨魚吞下肚，或是穿著VAIENCE SUIT。

順帶一提，抹香鯨的腸道裡可能會有一種叫做龍涎香的珍貴結石。據說會用來當作香水的原料，過去的交易價格與黃金相當。

如果能夠活著回來，你可別忘了帶一點紀念品啊！

似乎無法像漫畫和動畫一樣，從鯨魚體內逃脫。穿著VAIENCE SUIT的各位只能老實地從鯨魚的屁眼爬出來。

被鯊魚吃掉會發生什麼事情？

遭到襲擊後，鯊魚咬一口就丟棄？

幻想等級

從被認為是鯊魚最古老的祖先留下的鱗片化石推算，鯊魚祖先出現於距今四億五千萬年前，名為奧陶紀的時代末期。這個時間比恐龍出現還要早了兩億多年。此

後，鯊魚大量繁衍，並在地球歷史上的五次大滅絕中存活下來。其中包括在白堊紀末使大部分恐龍消失的大滅絕。

鯊魚很早就出現在生命史中，而且**外觀與祖先相比沒什麼變化，因此被稱為「活化石」。**

然而，最近的研究顯示，化石鯊魚與現今鯊魚相比，某些部分其實經歷了顯著的進化。鯊魚就是如此地神祕，這次就讓我們一起來看看被鯊魚襲擊會發生什麼事情。

對鯊魚來說，人類很難吃？被鯊魚嚐一口就會形成致命傷

在所有的鯊魚中，對人類來說最可怕的是大白鯊。大白鯊的體型非常巨大，身長六公尺，體重超過兩噸，在鯊魚襲擊人類的事故中，有三分之一以上都是牠造成的。牠的牙齒有三百多顆，尖牙邊緣有像刀子一樣的鋸齒狀。因此，可以一口咬斷十四公斤的獵物。廣泛棲息在熱帶、溫帶地區，其中當然也包括日本。

現在你靠著游泳圈漂浮在海中，突然發現自己離陸地好像愈來愈遠。奇怪的是，在海邊上的人鬧哄哄地指著你的背後，你回頭一看，發現遠處有三角形的背鰭……那明顯就是大白鯊。看來，冒著生命危險的任務，好像在意想不到的時候開始了。無論如何，都不要一邊叫救命一邊啪搭啪搭地游向岸邊。大白鯊最高的時速為五十公里，也就是說，牠不到八秒就可以游完一百公尺。相較下，一百公尺自由式（長池）世界紀錄保持者為四十六．九十一秒，速度不到大白鯊的五分之一，所以**就算你是世界級運動員，也不要在水中挑戰大白鯊。**

在這樣的情況下，首先要考慮的是，避免讓鯊魚感到興奮。大白鯊會透過耳朵和體側線這兩個器官捕捉水的震動，探測獵物的位置。在牠們距離還不近時，最好盡可能安靜地在海上游泳。當你回頭一看，發現令人毛骨悚然的三角鰭消失了，終於可以放下心來……才不是。

大白鯊的狩獵風格是潛入海底，從正下方一口氣咬住在海面上游泳的獵物。如此，獵物就沒有逃跑的機會。接下來，**你的腳會突然感到一陣劇痛，彷彿有無數把刀刺進腿部**，並將大海染成血色。據推測，大白鯊的咀嚼力每一平方公尺約兩百八十公斤。曾經還出現其強而有力的下顎咬斷人類的腳和身體的案例。到了這個地步，已經不再是坐以待斃的時候了，總之先拚命地反擊吧！

大白鯊的眼睛沒有眼皮，而且神經都聚集在鼻尖上，集中攻擊這些組織脆弱的地方，大白鯊可能就會鬆口。掙扎了一陣子後，大白鯊的身影消失了，畢竟大白鯊一般的獵物是海龜和海豹，而不是人類。

實際上，在人類遭到襲擊的事故中，**大白鯊大多都只是「吃吃看」般地咬一口後就停止捕獵。**儘管如此，由於身受重傷，事故中依然會有大概五分之一的人失去性命。接下來，請感謝自己留得小命，並在死神改變心意前趕快回到岸上。

研究顯示，在鯊魚造成的事故中，死亡的機率是好幾百萬分之一。

對於鯊魚來說，人類似乎並不美味。不過，當棲息環境和資源遭到掠奪，牠們就不得不襲擊人類了。實際上也發生了異常的情況，像是鯊魚襲擊事故在開發中地區增加、不斷發生鯊魚執意攻擊的事故等。也就是說，保護鯊魚居住的大海，也關係到人類的性命。

鯊魚的種類超過五百種，其中會襲擊人的大概只有其中的三十種，意外地少呢！

如果…

被暴龍吃掉會發生什麼事情？

幻想等級

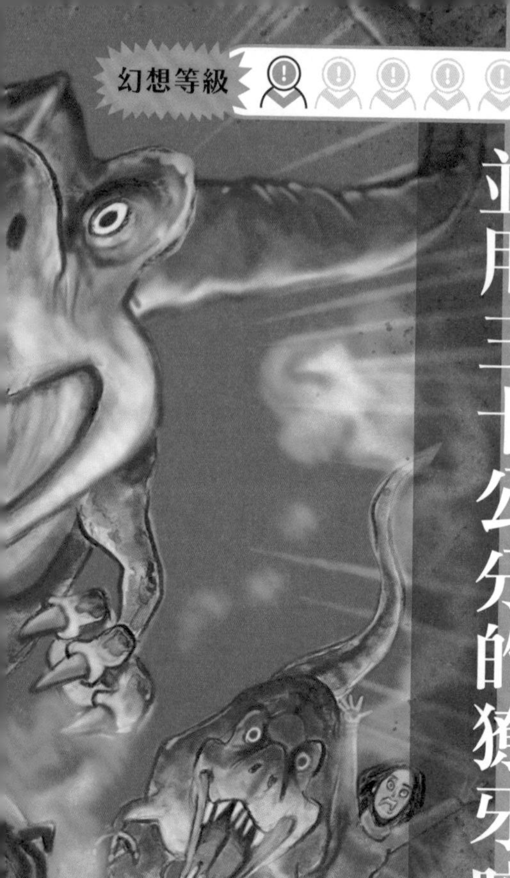

暴龍靠敏銳的嗅覺鎖定獵物，並用三十公分的獠牙咬碎

暴龍，毫無爭議地是史上最強的獵人，這個名字的意思是「暴君龍之王」。不過，最近各位是否有看過全身覆蓋羽毛，像是「巨大火雞」的暴龍插畫？甚至有人指

出**暴龍其實不擅長狩獵，專門獵捕屍體。**如果恐龍帝王以鳥獸般的樣貌擺弄屍體，就不能再成為兒童的英雄。暴龍的真面目真的是「過去的英雄」嗎？根據近年來令人矚目的研究，恐龍的模樣和生態習慣發生了很大的變化。這次我們來驗證一下，如果被「最新復原圖的暴君」襲擊會發生什麼事情。當然，實驗對象依然是你。

暴龍的傳聞是真的嗎……？

首先我們來了解一下，為什麼最近暴龍的插圖開始出現羽毛，其實答案就在暴龍祖先的化石上。

二〇〇四年在中國發現的帝龍是相當於暴龍祖先的小型肉食恐龍。

該化石上保有羽毛的痕跡，再加上於二〇一二年得知作為大型原始暴龍的近親，羽王龍的身上也有羽毛。

根據這些發現得出的結論是，更進一步進化的暴龍身上很有可能也有羽毛。

暴龍真的是毛茸茸的樣子嗎？

其實因為在成年暴龍的化石上發現鱗狀皮膚的痕跡，**現在最有說服力的說法是，暴龍的身體大部分都覆蓋著鱗片。**對於喜歡暴龍過去形象的人來說，這是一個再好不過的消息。

順帶一提，**成年前的暴龍可能全身長滿羽毛，以保持體溫和隱藏自己的身影。**

那暴龍真的是獵捕屍體的專家嗎？

這對恐龍迷來說也是一個好消息，現在的主流說法是，暴龍確實會進行獵捕的行為。會說暴龍是「獵捕屍體專家」的理論，應該是基於其極小的前腳、小眼睛以及像牛排刀一樣適合切碎屍體的牙齒。

然而，在同時代的食草恐龍中，有發現暴龍所造成的傷口癒合的痕跡，這證明了暴龍會主動攻擊活著的獵物。

從近年的研究可得知，**暴龍類與其他肉食恐龍相比，大腦負責嗅覺的部分明顯較大。**這表示暴龍可能不是依賴視覺，而是利用靈敏的鼻子在夜晚打獵。

哎呀！一不小心就會被恐怖的暴龍找到住處了呢！

現在了解了暴龍之後，想一下被暴龍襲擊會發生什麼事吧！

未成年的暴龍
意外地速度並不快？

時間轉到中生代白堊紀。

你現在獨自一個人站在炎熱的黃昏下，地面上的植物鬱鬱蔥蔥，長得相當茂盛，周邊則生長著陌生的樹木。

咦？你已經出汗了嗎？那是一個非常不好的徵兆，畢竟牠們的鼻子很靈敏……

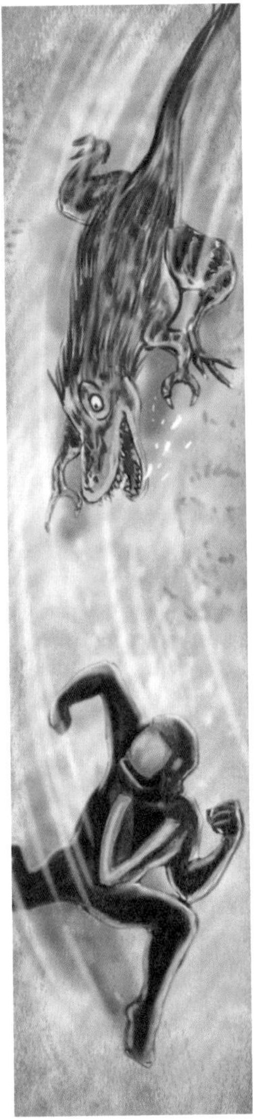

說曹操，曹操就到。

不祥的巨大身影從背後的森林逐漸靠近，看來牠已經發現你了，趕快逃跑吧！

正當你跑起來的時候，全身覆蓋羽毛、身長七公尺的年輕暴龍從樹林跑出來。

據推測，成年暴龍的奔跑速度最高時速可達到二十八公里，也就是說，大概十三秒就能跑完一百公尺。

如果你對自己的速度有信心，說不定能夠成功逃脫。

不幸的是，現在追趕你的未成年暴龍。

未成年暴龍相對於身體，腳的比例更大，因此一般認為牠們的奔跑速度會比成年暴龍還要快。即便你是田徑選手，可能也很難逃脫牠的魔爪。

你與追擊者之間的距離眼看著逐漸縮小，但請放心，為了避免你輕易就被抓到，我準備了4WD（Four Wheel Drive，四輪傳動系統）。只要上車之後，就能暫時放心了。

請啟動引擎，踩下油門，如此就能與暴龍說再見。

現在，你只要繼續直線前進就好……

能夠直接咬碎獵物的骨頭 強勁到令人難以置信的牙齒

碰！前方的樹蔭中突然跳出一個巨大的身影，撞上你的車，導致4WD翻倒。在空轉的輪胎前，聳立著全身覆蓋著鱗片、全長十三公尺、體重八噸的成年暴龍。

雖然有點晚了，我還是必須告訴你，**近年的學說指出，暴龍可能是成群結隊地狩獵。**不僅如此，牠們會以年輕暴龍負責追趕獵物、成年暴龍捕殺的方法來進行獵捕。

完全被騙了，比賽宣告結束，再怎麼呆坐在車子裡，也無法蒙蔽牠們靈敏的嗅覺。興奮的暴龍會咬住車子，**暴龍的咀嚼力推測超過三・五噸**，其強健的下顎和頸部肌肉應該會將車子咬爛。

不可以冒著生命危險試圖逃出黑夜喔……

牠們敏銳的嗅覺感知會立即發現你跳出車外，隨即就會有一張排列著五十八顆牙齒的血盆大口朝著你靠近。

暴龍的牙齒包括根部在內，有三十公分長，而且相當厚實，牠們會**連獵物的骨頭都咬碎。**

因此很遺憾，遊戲結束了。

你的身體被撕碎成適當的大小，並進入暴君的胃裡。白堊紀的愉快冒險就到此結束了。

今後在中生代的草原上散步時，不要忘了穿上比4WD更為堅固的VAIENCE SUIT。

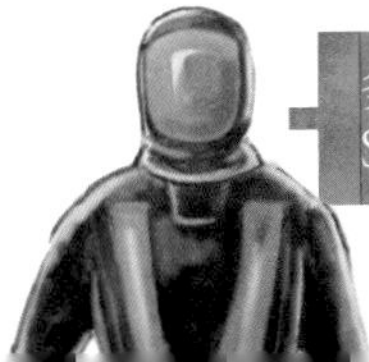

多虧了VAIENCE SUIT撿回一條命。只有VAIENCE SUIT能夠獲得勝利。

COLUMN

想盡辦法活下去！VAIENCE的生存技巧

在進入四維空間後的存活法

一維空間是由一條無限細的線組成的世界，二維空間是由垂直線和水平線組成的平面世界，三維空間的話，你們應該很熟悉吧？那各位覺得四維空間是什麼樣的世界呢？當然，住在三維空間的你一定會覺得難以想像。這次特別利用VAIENCE SUIT的力量帶你去四維空間一探究竟，並且教你如何在那裡生存。

首先介紹一下四維空間是什麼樣的世界。其實並沒有那麼難理解，只要在前後、左右、上下三個方向都加上另一條相互交錯的線即可。你看起來好像一頭霧水，好吧，我不是說過了嗎？住在三維空間的你是無法理解的。

直接去現場了解會更快。什麼？你說還沒準備好？但我們已經到四維空間了唷！進入四維空間的你首先會發現，就連周邊一切的內部都能夠看得一清二楚。可以同時看到衣櫃裡面、嚴加保管的保險櫃內側、某個人的內臟等所有的事物。相信現在你的大腦應該無法跟上第一次看到的情景。

此外，三維世界裡的距離無法通用於四維世界。要說得讓你這個住在低維空間的人可以輕易理解的話，就是在三維世界中，即使你將珍貴物品的前後左右都遮住，只要從上面伸出手依然能夠拿取。

同樣地，在四維空間中，即使從前後、左右、上下擋住物品，只要從第四個方向伸出手，一樣可以拿取。能夠像施魔法一樣，偷取保險櫃裡的物品。在你因為獲得如神一般的能力而感到喜悅時，很抱歉我必須潑你冷水，最好不要在四維空間裡待太久，因為你可能會丟了小命唷！

這是什麼意思呢？現在請想像一下那個用來製造出肥皂泡的環狀玩具，當空氣進入後，會擠壓環狀內部的肥皂水，進而製造出肥皂泡。接下來，請將這個環狀玩具替換成你自己。環狀的圓圈是你的皮膚，肥皂水是你的內臟。當四維空間裡颳風時，你的內臟會受到擠壓，進而被推出你的體外。你的身體也和保險櫃一樣，儘管在三維空間是完全封閉的，但在四維空間內經常會露出縫隙。

雖說如此，還是有方法可以應對這個狀況，只有一個方法可以讓你生存下來。沒錯！就是穿上VAIENCE SUIT！什麼？你沒有穿VAIENCE SUIT就來四維空間了？為什麼沒有準備好再來啊!?

第3章

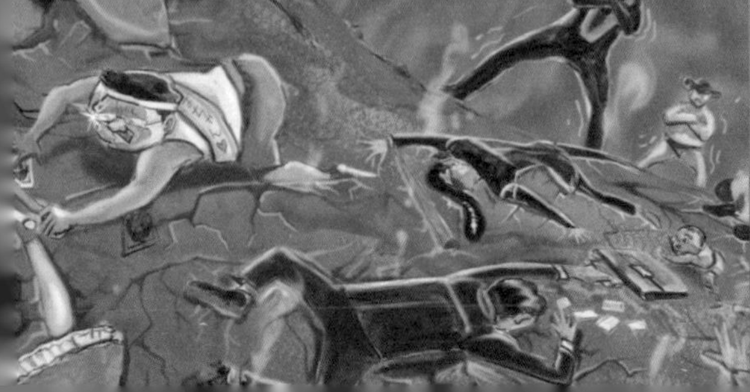

地球幻想

與人類相同，從宇宙的角度來看，地球也是可有可無的存在。不過，在直徑約一萬三千公里的藍色小星球上，其實充滿了各種浪漫。接下來，讓我們一起去體驗一下地球幻想吧！

地球變成一整塊黃金會發生什麼事情？

幻想等級

以時速數萬公里的速度撞擊黃金大地，地表會炎熱到高達數萬度

人類從很久以前開始就對黃金尤其執著。因為黃金那永不褪色的金色光輝，再加上數量稀少，俘虜了許多人類的心。關於地球上的黃金從哪裡來，目前有兩種說

法，分別是**中子星相互碰撞**，以及**超新星爆炸**，這個問題到二〇二二年，都尚未得到確切的答案。

這時，我們只要憑藉著VAIENCE SUIT的力量，就能夠以超過這些現象的效率創造出無數的黃金。

這次就慷慨地將整個地球都變成質量相同的巨大金塊吧！熱愛黃金的地球人一定會非常開心。

從藍色星球變成黃金星球的地球，會變成什麼樣的環境呢？

開採數量比想像中還少 珍貴而有價值的黃金

目前黃金在地球相當寶貴，但實際上數量究竟有多少呢？截至二〇二一年，人類開採的黃金累積總量推測約為二十萬一千兩百九十六噸。或許會覺得這樣聽起來數量相當龐大，不過，在將這些黃金集中放在一個地方後，會堆疊成邊長為二十一・八公尺的正立方體，大概相當於三到四個比賽用游泳池。人類花費好幾百年開採的黃金，所有數量加起來不過如此。

另一方面，二〇二一年的黃金每公斤的價格在五百八十九萬日圓到六百八十四日圓間波動，因此，如果以平均一公斤為六百三十七萬日圓來估算，**世上黃金總量的價值大概是一千兩百八十二兆日圓**。僅憑目前開採出的黃金量就能達到這個價格，那若是地球本身變成黃金……光是想像就覺得很爽快對吧？唉唷！先不要這麼興奮。

此外，以目前的技術可開採的範圍來說，估算的蘊藏量大約為五萬三千噸，不禁讓人擔心是否會枯竭。黃金是稀少的物質，地球的地殼平均每十億公斤只含有一到五公斤的黃金。不過，屬於重元素的黃金大多埋藏於地球的深處，尤其是地下三千公里的地核內部，所以把地球上所有的黃金全部集在一起，估計會達到一千五百兆頓左右，數量相當龐大。

儘管如此，地球的質量約為六十垓噸，

所以**好不容易採集到的黃金其實只有地球質量的四百萬分之一。**因此，接下來就是VAIENCE SUIT派上用場的時候了！只要有VAIENCE SUIT的力量，就可以輕輕鬆鬆地將地球的總質量全部變成黃金。實現人人都是富豪的願望！

到處都是黃金！不過地球會成為死亡行星？

地球的半徑約為六千四百公里，以此估算出的平均密度為一立方公分五・五克，而黃金的密度為一立方公分十九・三克。當地球的質量全數轉換為黃金後，單純就這個數據來計算，地球的半徑將變為四千兩百公里。不過，**如果創造出完全由黃金組成的行星，那愈接近中心，壓力愈大，密度會愈高，所以行星實際的半徑應該會更小。**目前普遍認為地球地核密度為一立方公分十三克，主要由密度為一立方公分七・九克的鐵組成。

由於不清楚黃金在超高溫高壓的行星中心會有什麼物質變化，因此很難準確計算。不過有數據指出，目前地球中心的壓力為三百六十萬大氣壓，在接近室溫的地方將黃金置於三百六十萬大氣壓下時，密度約為一立方公分三十克，因此黃金地球

的平均密度應為一立方公分二十五克。如此一來，新地球的半徑為三千九百公里，大概是現在的六成，約減少兩千五百公里。

也就是說，**地球質量轉換成黃金後，地表上沒有變成黃金的物體，包括人類、其他生物、大海以及大氣，都會開始往下墜落兩千五百公里。**此時等待你的未來就是以每小時數萬公里的速度撞擊黃金大地，而且因為此衝擊形成的能量，讓黃金地表達到好幾萬度，導致**地球在瞬間變成死亡行星。**就算地球變成黃金取之不盡的行星，只要準備販售黃金的人類在物理上蒸發，那一切都會變得毫無意義。

真拿你們人類沒有辦法，就讓我們使用VAIENCE SUIT的力量來消除掉落時造成的能量吧！這樣一來，地表就不會形成煉獄，人類會得到六十垓噸的金塊。在這種情況下會發生什麼事情呢？

首先，地球在質量沒有改變的情況下半徑縮小，表面重力增加約二・七倍。還不到後面一百四十六頁登場的十倍重力，所以只要平時有勤加鍛鍊，應該勉強可以移動。

此外，與月球等其他天體的距離沒有變化，不用擔心有碰撞的風險。而且就像滑冰選手將手臂拉進身體加速旋轉一樣，質量不變、體積縮小的地球，自轉速度會加快，一天不到九個小時就會結束。所有生物的生理時鐘都會出現紊亂，剛開始會很辛苦，不過還不到無法適應的地步。

※1板塊運動學説（Plate Tectonics）：是指覆蓋在地球上的板塊移動的科學理論。

就在大家都認為全人類終於都成為富翁時，最大的問題出現了。**因為不論怎麼挖都能挖到黃金，黃金失去其價值。**正如「稀有價值」這個詞彙所說的，人類之所以會在黃金上找到價值，就在於其稀有的一面。

說到價值，屆時現在充斥在地球上的物質反而會比黃金珍貴。鐵、矽、鋁等在現今地球都很常見，因此價格並不高，但這些物質在許多方面支撐著人類的生活。黃金比鐵還要軟得多，又不像矽那樣適合半導體，也不像鋁那麼輕盈。**地球到處都是發光的黃金垃圾，可想而知整體發展應該都會停滯。**

再加上整個地球都是由相同的物質構成，預計**板塊運動※1將會大幅減弱。**從長期的角度來看，板塊運動發揮出的作用有控制大氣中二氧化碳量，以及向大海提供銅和硒等，這類生物體內不可或缺的微量礦物質。也有研究員認為板塊運動對生命來說是必要的存在。換言之，販賣黃金的人可能很快就會死亡。

看來沒賺錢的機會了。不顧後果地執行看似不錯的策略，有時會發生超乎預料的問題。

遺憾的是，地球將就此化身為垃圾團塊，上面的生命也即將面臨滅亡。變成金黃色死亡行星的地球，想必依然會繼續圍繞著太陽公轉。

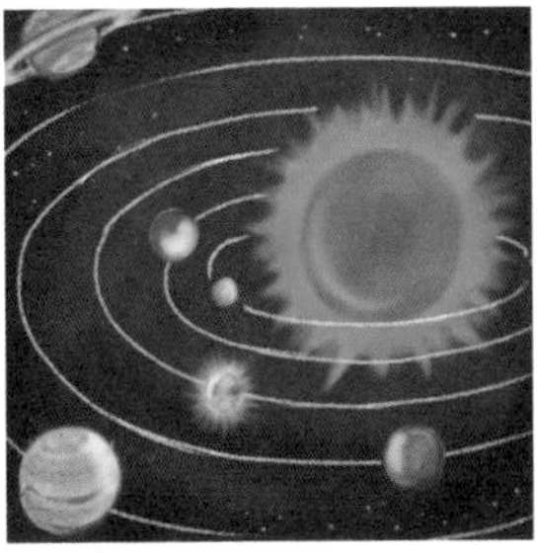

當原本稀少的黃金變成唾手可得的東西，就會失去價值。事物真正的價值取決於你的靈魂！

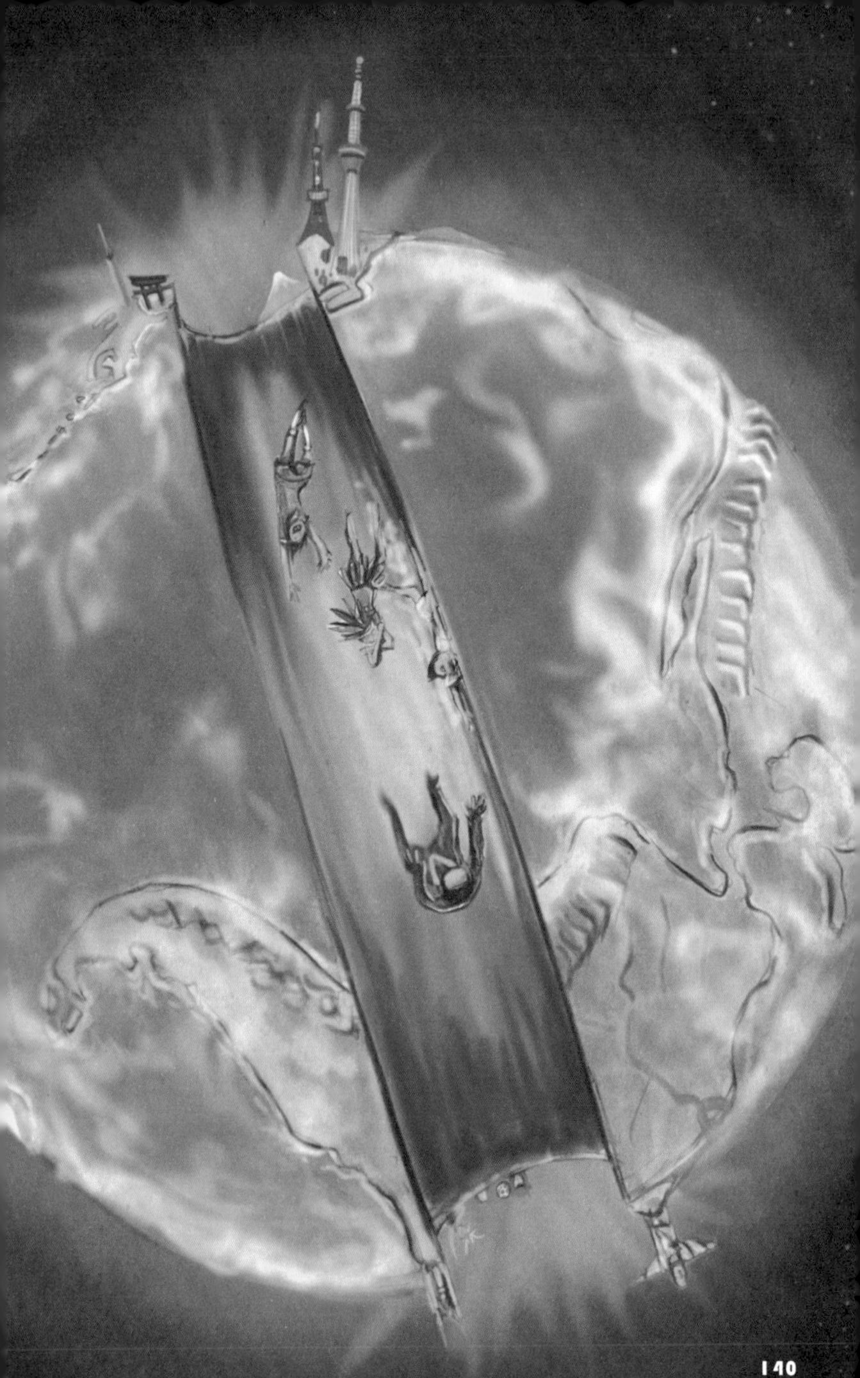

如果…

挖一個從日本直達巴西的通道並跳進去會發生什麼事情？

從日本抵達巴西只要三十八分鐘？

幻想等級

據說從日本的角度來看，地球的另一端，也就是距離日本最遠的地方是巴西。日本和巴西的距離為兩萬多公里，目前從日本去巴西，坐飛機是最快到達的方法，但無論是走哪一條路線，都得花費二十四小時以上。不過，這是因為沿著地球表面移動的關係。**如果直接從地面挖一條直線連接的通道，搞不好不僅可以縮短距離，還可以將重力施加在自己身上，一瞬間就移動到對面。**這根本是夢幻般的技術，難道你不想試試看嗎？接下來，就穿上VAIENCE SUIT嘗試看看吧！不知道最後是否真的可以如預想般順利！

挖個通道前進！開始往巴西墜落！

接下來，我們馬上開始往正下方挖一條通道吧！首先是地殼，接著依序挖向地函、外核、內核，待抵達地球中心後，沿著相反的順序挖到巴西的地表。感覺可以順利挖出長達一萬三千公里的通道。不愧是VAIENCE SUIT的技術能力，這點程度根本是小菜一碟。只要有VAIENCE SUIT，就有可能完成在中心溫度五千兩百度、壓力三百六十萬大氣壓這種惡劣的環境中進行挖掘，而且還能維持通道不崩塌這種艱難的工程。

接下來你要做的是，小心不要撞到通道的牆壁，注意直線移動，就一定能到達巴西。那就跳進去看看吧！一、二、三、跳……正如預想的那樣，一開始即使什麼都不做，也會朝著巴西不斷地加速。原以為地球的重力拉著自己進入通道後，會就這樣到達巴西……結果到中途你發現東側的牆壁愈來愈靠近，但你無能為力，**最終以時速一百公里，或是更快的速度，像是用火燒的石頭製成的削皮器一樣摩擦牆面。**如果沒有穿VAIENCE SUIT，可能會有點痛。

到底發生了什麼事情呢？這種現象是由「科氏力」引起的。地球上所有物體都會以相同速度繞著地球的自轉軸旋轉，舉例來說，以每小時約一千三百五十公里的速度朝東邊移

動。但是地球內部旋轉的半徑較小，因此旋轉一周的距離較短，而且因為自轉旋轉的速度比地表還慢。剛開始掉入通道時，朝向東邊移動的速度與地表相同，所以**隨著與地球內部的距離愈來愈近，外觀上會產生橫向移動的力。**

調整自轉就能解決！

但是為什麼會維持相同的速度……？

必須改變自轉軸本身才能解決這個問題。**如果調整地球的自轉軸，將其改為連接日本和巴西之間的線後，應該就可以不用擔心科氏力，抵達巴西。**這時，請忽視改變地球自轉軸而產生的天地異變。比起快速到達巴西，這個代價不過爾爾。

在調整好自轉軸後，再次跳入通道中。不用擔心會撞到牆壁，你的速度會愈來愈快……

雖然原本是打算這樣，但事實上**加速會逐漸下降，最終保持在一定的速度。**假設通道中的氣壓與地表相同，那時速大約會是兩百公里。這是因為空氣阻力與速度的平方為正比，無論地球的重力再強，如何用力地將你往下拉，都會因為空氣阻力過大，無法進一步加速。照這樣下去，不可能抵達巴西。在前進到地球半徑一半左右後，地球的重力逐漸減弱。**重力與物體的質量成正比，不過在掉入通道後，愈往下，掉落到你頭上的質量會更多。**也就是說，施加在自己身上的重力會逐漸減少。

在到達地球中心時，來自各個方向的重力相互抵銷，形成完全無重力的狀態。要是繼續往前進的話，反而重力會朝著相反方向發揮出作用。在時速大概一百公里的情況下，根本無法抵達地球的另一端，不久後運動就會停止，再次往地球中心墜落。你**像是速度愈來愈慢的鐘擺一樣，在地球內部往返，最後停在地獄般的環境——地球的中心。**

如果沒有空氣阻力 只要三十八分鐘就會到達巴西！

但不能就此放棄！只要把通道裡的空氣全部抽出來，消除空氣阻力就能解決這個問題。接下來，在抽出通道裡所有的空氣後，再次出發吧！看起來你已經準備好了，讓我們再次跳入通道裡。這次因為沒有阻止加速的空氣阻力，抵達地球中心時，時速甚至達到三萬五千公里。**通過地球中心後，速度逐漸減緩，到達巴西地表時，剛好達到時速零公里，也就是靜**

止的狀態。考慮到地球內部密度的變化，大約需要三十八分鐘。換句話說，只要能夠抓準時機，**從日本到巴西只需要三十八分鐘，而且無須燃料就能夠移動。**

順帶一提，如果從日本朝著澳洲或美國挖通道並跳入，重力會從傾斜的方向產生作用，導致人會在牆面上一邊滾動一邊移動。假設無摩擦力，無論到哪裡，所需的時間大概都是三十八分鐘。距離愈短，花費的時間會愈少，但重力方向愈接近正下方，加速的幅度就愈小，這兩種影響互相抵消。

所以一般認為，**在地球上不論通道是連接哪兩個點，所需時間幾乎都一樣。**

重新複習一下剛剛的過程。

為了只花費短短三十八分鐘就從日本抵達巴西，首先要在地球挖出一個直線的通道，接著調整地球的自轉軸，使其成為直線，最後讓通道呈現真空狀態即可。當然，不用說相信你們也知道要發明能夠承受地球內部的熱能和壓力的超級套裝，需要的話請購買VAIENCE SUIT。

好了，讓我們進入下一個「幻想」吧！

什麼？作為讀者的你竟然沒有VAIENCE SUIT？

幻想等級

如果……

地球的重力提高到十倍會發生什麼事情？

幾乎所有的人類都會在一瞬間昏迷，而且很快就會滅亡

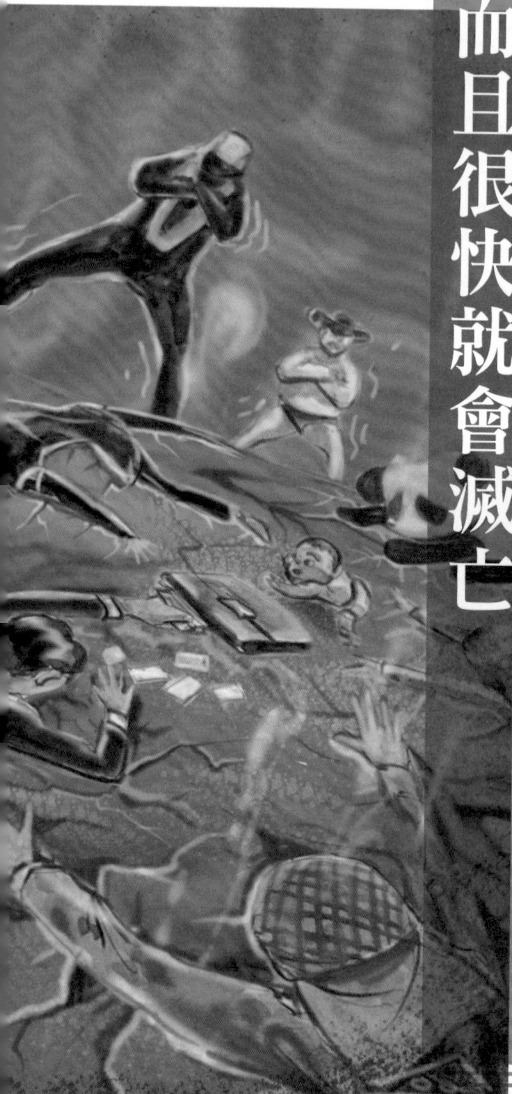

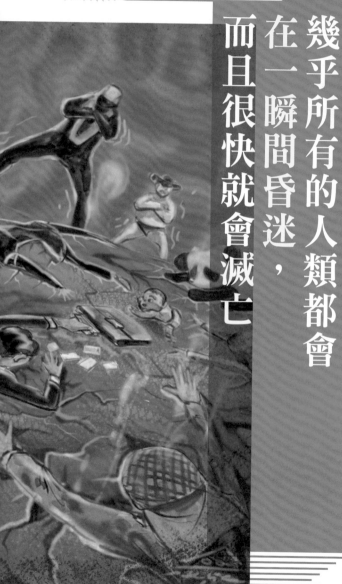

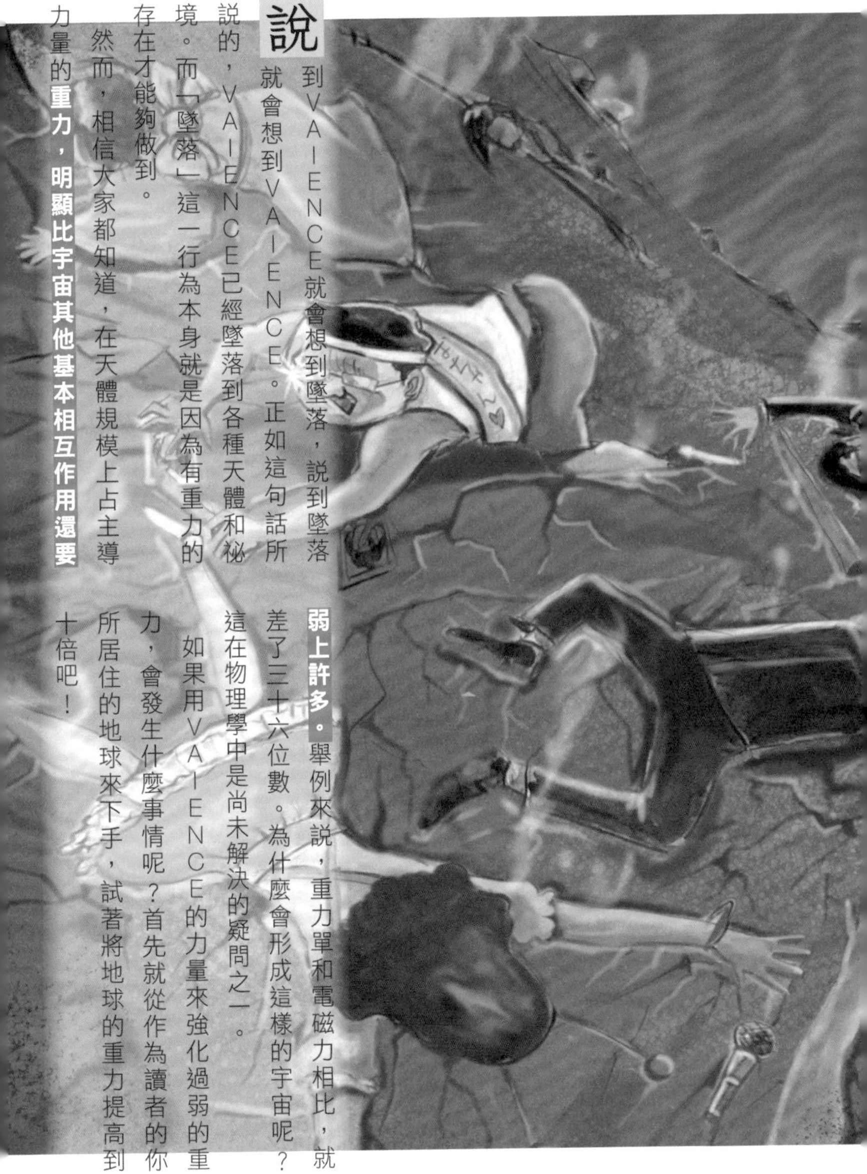

說到VAIENCE就會想到墜落，說到墜落就會想到VAIENCE。正如這句話所說的，VAIENCE已經墜落到各種天體和祕境。而「墜落」這一行為本身就是因為有重力的存在才能夠做到。

然而，相信大家都知道，在天體規模上占主導力量的**重力，明顯比宇宙其他基本相互作用還要弱上許多。**舉例來說，重力單和電磁力相比，就差了三十六位數。為什麼會形成這樣的宇宙呢？這在物理學中是尚未解決的疑問之一。

如果用VAIENCE的力量來強化過弱的重力，會發生什麼事情呢？首先就從作為讀者的你所居住的地球來下手，試著將地球的重力提高到十倍吧！

所有的人都會昏倒 十倍重力的恐怖世界

接下來，就讓我們做好準備，將地球的重力提高到十倍吧！方法有兩種，一種是在質量不變的情況下縮小地球的體積，另一種是維持體積的大小，增加質量。不過，這次難得能使用VAIENCE的力量，就不特別更改地球的大小和質量，而是將地球才有的重力常數（Gravitational constant）增加到十倍。在這種情況下，地球的環境會發生什麼樣的變化呢？

在地球的重力增加到十倍後的幾秒鐘內，幾乎所有的人類都會暈倒。大腦所需的血液是由心臟來輸送，而心臟位於比大腦還低的位置，因此，心臟必須抵抗重力才得以將血液送到大腦。若重力突然增加，送往大腦的血液量會大幅下降。最糟的情況是，昏迷狀態下，可能會因為低血氧症引起缺氧而喪命。對於進行特技飛行的航空競速賽飛行員和太空飛行員來說，這是在現實中必須應對的危險現象。**一流飛行員經過特殊訓練，並穿著能夠檢測加速度的變化、收緊下半身的抗G服，也只能承受十倍重力幾秒鐘**，更何況是未經訓練的人類，就算重力只增加到五倍也很難保持意識。換言之，這次重力增加，幾乎所有人類都會立即昏迷。

另外，重力增加到十倍的瞬間，嚴重程度會因姿勢而異。如果是站立姿勢，暈倒後身體會以十倍的加速度撞擊地面，受傷的情況取決於心臟和大腦的位置關係，運氣好的話有機會恢復意識。但坐著的人昏迷後，大腦的位置依然在心臟上方，就會直接死亡。相較之下，也許躺著的人生存率會最高也說不定。

即使存活下來 等著你的未來是地獄

但是，對於生存下來的人類來說，等待著他們的是一個艱難的世界。**假設你的體重是六十公斤，在重力增加到十倍的地球上，相當於帶著五百四十公斤的重量生活。**

根據人類是否能夠適應太陽系以外之天體的相關研究可得知，即便是頂級運動員，能夠從坐姿站起來的極限是五倍重力，進行走動的極限是四・六倍重力。由於十倍重力遠遠超過身體能夠承受的極限，人類只能趴在地面無法移動，最後迎來滅亡的結果。

人類滅亡後，地球會發生什麼事呢？有報告指出，有許多小型生物能夠在重力十倍以上的環境生存，所以應該有不少存活下來的生物。然而，**牠們是否也能承受因為重力的增加更為激烈的火山活動，以及愈來愈頻繁的小行星碰撞，目前仍有待觀察。**

地球上的生命是以幾乎沒有變化的地球重力為前提，逐漸進步到現在的樣子。很遺憾，不考慮後果地增強重力，顯然是瞬間瓦解地球生態的愚蠢選擇。應該更有計畫性地利用VAIENCE的力量。

又來了……又只有穿著VAIENCE SUIT的我活下來……

如果…

地球的臭氧層消失會發生什麼事情？

地表生物罹癌率劇增，但臭氧層遲早會復活

幻想等級

對許多人來說，沒有什麼比在天氣好的時候到戶外活動身體更舒服的事。例如運動身體流下健康的汗水，或是在沙灘或泳池邊悠哉地躺著等，人類會按照自身的喜好來享受日光浴。然而，能進行戶外活動，其實是多虧了臭氧層。

近年來比較少成為話題，但相信各位都聽過「臭氧層破洞（ozone hole）」這個詞彙。其實**在一九八〇年代時，人類相當擔心臭氧層的臭氧濃度會下降。**

假設結果遠比擔心的還要嚴重，臭氧層完全從地球上消失，那會發生什麼事情呢？在那之前，你要先了解何謂臭氧層。

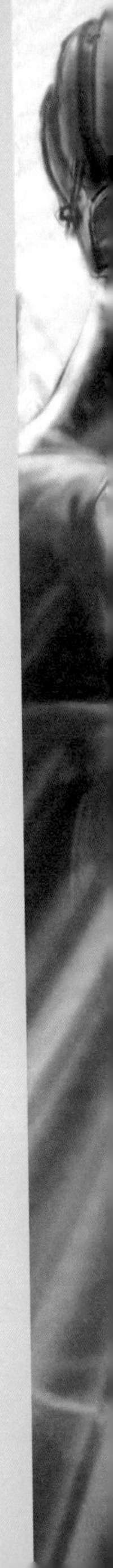

「地球的防曬霜」臭氧層消失會發生什麼事？

臭氧層是距離**地球表面約十五公里至三十五公里處，臭氧濃度較高的大氣層。**臭氧其實並不少，但就算是距離地表二十五公里附近、濃度最高處，臭氧濃度也不到十萬分之一。就是這一點臭氧量保護著地表免受紫外線傷害。

二十世紀下半葉，每年開始出現南極上空的臭氧層濃度大幅降低，也就是名為臭氧層破洞的現象。一九七四年發現，人類排放到大氣中的氟氯碳化物會破壞臭氧，當時預測的結果之一是到了二〇六五年時，住在中緯度地區的人只要曬五分鐘的太陽就會曬黑，儼然已經成為嚴重的社會問題。這種擔憂並非杞人憂天，據說在全世界一起合作管制氟氯碳化物的使用下，最終避免了出現嚴重後果。也有人指出，**人類其實從未在環境問題上如此團結。**臭氧層固然曾經受創，但到了二〇一〇年代，終於有恢復的趨勢，可以說人類已經度過這一難關。

現在回到正題，如果臭氧層消失，人類的生活會發生什麼事呢？

到達地面的紫外線有UVA和UVB兩種。UVB的波長較短，能量較高，但大部分都會被臭氧層吸收，只有極少部分會到達地表。相反地，能量較低的UVA不易受到臭氧層的影響，幾乎直達地表。這就是為什麼即便有臭氧層，人類依然必須採取預防紫外線的對策，例如防曬等。

然而，如果地球的防曬霜臭氧層消失，UVB就會毫不留情地長驅直入。紫外線能夠破壞組成生物體的基因，**推測生活在地表的動物罹患皮膚癌的機率會劇增。**一般認為皮膚癌中的皮膚鱗狀細胞癌、基底細胞癌和惡性黑色素瘤的罹患風險，會在紫外線的照射下增加，想當然臭氧消失後，這些疾病會在全世界大肆流行。另外，目前已經得知，眼睛也會因為紫外線的照射而受損。如果只是引起像是眼睛曬黑的光照性角膜炎還沒關係，**最糟的情況是，因為白內障等疾病而失明的人會急遽增加。**目前推測全世界每年因為紫外線而失明的人超過三百萬人。因此臭氧層消失後，人類和動物失去視力恐怕會成為常態。

此外，紫外線也會對海洋生物造成影響。目前已經證實UVB可以穿透到水下二十公尺左右，會阻礙魚類的正常發育。其中珊瑚尤其容易受到UVB侵襲，**許多海洋生物可能會因此失去家園。**

不過，這並不表示臭氧會永遠消失。紫外線照射大氣中的氧氣會產生臭氧，所以**在經過一段很長的時間後，臭氧就會恢復到原本的濃度。**先不論到那時人類是否仍然存在，可以確定的是，VAIENCE SUIT並不會消失。也許到時候還會有人再次穿上VAIENCE SUIT，並彈指讓臭氧層消失。

有沒有人可以幫我在背上塗防曬乳？就算是塗在套裝上也沒關係。

如果……

遭到電磁脈衝的攻擊會發生什麼事情？

幻想等級

會發生史無前例的大停電，社會基礎設施將崩潰！

在網路上購物時，電腦會自動判斷從倉庫到你家最有效率的路線，並在幾天後就將貨物送到你家。

在現今的日本，各種社會系統就像這樣錯綜複雜地交織在一起，相互依賴，支持著人們的日常生活。**不過，如果有人告訴你，有一種攻擊手段能夠使整個社會陷入功能失調的狀態，你會怎麼做呢？**

那個方法就是電磁脈衝攻擊。此攻擊的目的在於大範圍地使電子設備停止運作，而不是直接傷害人體。如果電磁脈衝攻擊發生在現今的日本，那會發生什麼事呢？

長期依賴電力的社會將在基礎設施崩潰後出現問題！

有各種方法可以進行電磁脈衝攻擊，但**如果是要破壞整個國家的電子設備，在上空數十公里以上的地方引發核爆是最有效率的方法。**核爆釋放的大量伽馬射線與氣體分子中的電子相互碰撞，並高速發射後，會開始沿著地磁旋轉。當高速移動的電子在軌道上被迫彎曲時，會產生一種名為電磁波的輻射光，電磁波落到地面上，電流會自行流進電子設備中，最糟糕的是會破壞設備。此外，還可能藉由嚴重紊亂的地磁，破壞電力網裡的變壓器。

你可能會覺得這聽起來像是科幻世界才會出現的情況，但類似的事情在世界各地都發生過。有報告指出，一九六二年，美國在太平洋上空四百公里處進行核試爆時，位於距離一千四百五十公里外的夏威夷裡的變壓器發生故障，導致交通號誌一度停擺。除此之外，太陽偶爾產生出的磁爆與電磁脈衝攻擊的原理相同，所以也會對電子設備造成威脅，事實上，其在一九八九年就曾破壞加拿大的電力網。記錄顯示，這場事故造成長達九個小時的停電，共影響了六千萬人。幸運的是沒有出現傷亡者。不過，如果是現今的日本受到電磁脈衝攻擊，應該會遭受到巨大的損失。

首先，降落到地表的電磁波會同時對電力網裡的眾多變壓器造成損害，**導致最後出現規模**

史無前例的大停電。日本是世界上停電次數較少的國家，儘管如此，還是發生過好幾次大規模的停電，其中也有電力超過兩週都沒有恢復的案例。這次因為日本全國有許多變壓器遭到破壞，預計需要相當長的時間才能夠恢復。大部分日本人的生活都建立在電力上，這點也會加速受害的範圍。

第一個受到衝擊的是醫療機構。醫療機構大部分都設有自行發電的設施，但這些設備提供的電力並非無限。二〇一九年九月，日本千葉縣的一家醫院受到颱風影響停電，院方優先將電力用在呼吸器和透析儀器等設備上，最後仍然有五個人喪命。再加上空調無法運作，也有人因為中暑去世。或許有些人會覺得自己很健康，不會受到影響。然而，**還會發生抽水機停止運作，無法使用上、下水道，以及冰箱沒電，沒辦法貯存大量食物等情況。**網路當然也不能連接，所以不會知道日本全國都陷入停電的狀態。停電後，交通號誌停擺，出現塞車和車禍事故的機率大幅增加，而且無法將物資運送到店鋪，所以當家裡的水和食物都用盡時，還可能出現什麼都買不到的情況。

現代生活交織著各種社會系統，電磁脈衝攻擊造成的停電可以說相當致命。彷彿如同骨牌般，從停電引發社會基礎設施的崩潰。或許明天就會遇到電磁脈衝攻擊造成的大停電，為了應對即將到來的那天，請不要忘了先購買一套VAIENCE SUIT。

電磁脈衝攻擊是僅僅一發就能癱瘓整個日本的恐怖攻擊。真有那天的話，我會幫你的……大概啦！

如果……

地球上的海水都變成淡水會發生什麼事情？

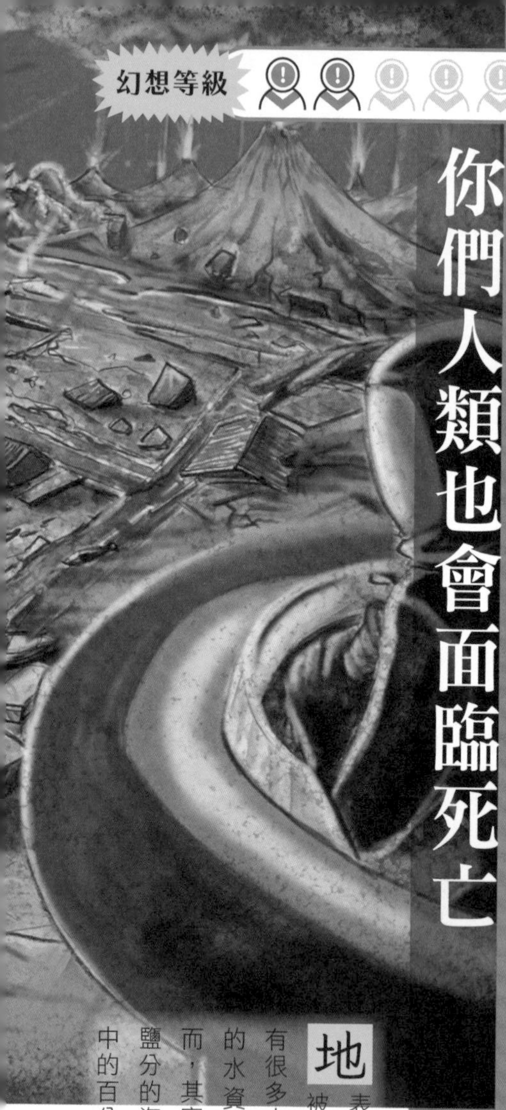

幻想等級

發生天地異變，生物大量滅亡，你們人類也會面臨死亡

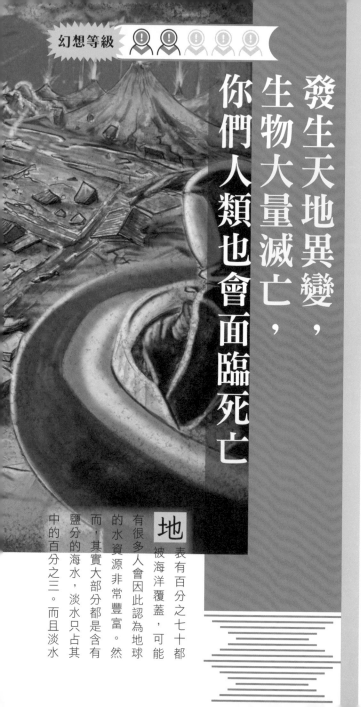

地表有百分之七十都被海洋覆蓋，可能有很多人會因此認為地球的水資源非常豐富。然而，其實大部分都是含有鹽分的海水，淡水只占其中的百分之三。而且淡水

中，大約七成都以冰的形式遭到封存，例如冰河等，一般認為用來當作飲用水和農業用水等的水資源不到地球所有水資源的百分之一。今後全球性的缺水極有可能會成為嚴峻的問題。

現在，讓我們利用熟悉的VAIENCE SUIT之力向人類伸出援手吧！

「淡水不夠的話，製作出淡水不就好了嗎？」……如果在一瞬間將所有海水都變成淡水，會發生什麼事情呢？

將海水變成淡水後……能夠拯救全球性缺水的問題嗎？

海水是鹽水，河水是淡水，介於兩者的區域稱為半鹹水。半鹹水是淡水和海水混和的區域，鹽分濃度也在兩者之間。一般來說，淡水的鹽分濃度在百分之〇・〇五以下，海水大約是百分之三・五，因此，半鹹水的鹽分濃度在百分之〇・〇五到三・〇之間。

不過，鹽分濃度的變化速度很快。受到一天的潮汐變化、每個季節流入河川的水量等影響，半鹹水區域的環境變化也較為劇烈。

儘管如此，**半鹹水區域具有足以彌補其缺陷的豐富營養，而且很容易照到太陽，因此對部分生命來說，是相當重要的環境。**舉例來說，分布在亞熱帶到熱帶地區一帶的紅樹林中棲息著各種生物，又稱為「海邊的熱帶雨林」。

將海水全數轉換為淡水，將破壞這些生態系統，但這也是拯救無數人類性命的絕佳機會。

人類不是一直在將周遭改造成適合自己的生活環境嗎？像是開拓山區、建造住宅、在平地開墾，以及在河流建造水壩等。事到如今還

在猶豫什麼呢？不要只會說漂亮話！

接下來，就利用VAIENCE SUIT的力量，瞬間消除地球所有海洋中的鹽分——大約五京噸吧！由於海水轉換成淡水，迅速解決了缺水的問題。即使在今天，世界上仍有超過八億的人難以確保飲用水。

不過，喜悅總是轉瞬即逝。由於各種因素複雜地相互作用，才得以維持地球的環境。如果海水中的鹽分突然消失，會對整個地球產生巨大的影響。

對生物的影響相當巨大
吃不到大部分的壽司材料？

第一個遭受到毀滅性迫害的是海洋生物。

對於棲息在水中的牠們來說，生活環境的鹽分濃度是一大問題。

細胞要生存，就要從周遭吸收氧氣和水等必要的物質，以及將二氧化碳等老廢物質排出體外。因此，細胞需要與外界進行交流，包覆細胞的細胞膜在一定程度上，會允許物質通過。這時問題就在於鹽分濃度。

細胞中的鹽分濃度低，周圍鹽分濃度高時，由於滲透壓現象，細胞中的水分會流到外在的環境中；相反地，細胞中的鹽分濃度高，周圍鹽分濃度低時，水則會從外在的環境中流入細胞中。**海洋中的生物習慣了鹽分濃度**※1**高的環境，因此，具有維持細胞內水分並將鹽分排出的功能。**然而，如果周圍的水突然都變成淡

※1　棲息在海水中的魚類會透過兩段式系統來調整體內的鹽分濃度，先是藉由鰓來去除鹽分，再透過尿液排出多餘的鹽分。

水，細胞內的鹽分濃度就會增加，**導致細胞無法承受進入的水分而破裂，進而死亡。**

是否有生物能夠避免這種大規模的滅絕情況呢？如果是像鮭魚等往返河川和大海的生物，或許就有可能。儘管如此，還是要花費好幾天至好幾週的時間來習慣周圍鹽分濃度的變化後，才可以移動。因此，到底能不能承受鹽分濃度突然間的變化，目前依然是未知數。不僅是日本，在全世界都很受歡迎的壽司也會受到影響，應該再也沒辦法品嚐到某些食材。

無法阻止的氣候變化，破爛不堪的地球邁向的末路

不只是壽司的材料會減少，海洋在失去鹽分後重量會減輕，結果，**漂浮在北極的巨大海冰因為浮力下降，大約會下沉十公分。**

不要小看這短短的十公分，北歐、俄羅斯和加拿大等面向北極海的國家，預計會因為海嘯遭受到巨大的損失。

此外，重力經常會將海水推向海底，當推動的力量突然減弱，世界各地的地震和火山可能會因此活化。

對氣候的影響也會相當劇烈。淡水的結凍溫度比鹽水高，因此當北極的海水結凍時，只有水先結凍，殘留的鹽會提高周圍的鹽分濃度。鹽分濃度高的水，重量會增加並往下沉，從而在大海的表層形成「溫鹽環流」（南方溫水向北流動）。

赤道附近從太陽獲得的能量較多，藉由這個循環系統，能量會從赤道附近移往北極和南極附近。不過，海水一旦都轉換為淡水，這個循環系統就會完全崩潰。**赤道附近會比現在更熱，極地的溫度則會比現在更低。**不僅如此，**將赤道的能量運送到溫帶的颱風數量也會增加，而且破壞力也會提高。**

更可怕的是，地球上的光合作用約有一半都是由棲息在海水中的藻類負責，當海洋消失後，這些藻類也會全部死亡，地球的氧氣濃度可能會因此急遽下降。

人類留在這個面目全非的地球，可能會面臨因海嘯而溺斃、因食物消失而餓死、因極端氣候而中暑或凍死，以及因氧氣濃度下降而缺氧死亡等。用大量飲用水換來的地球環境就像是地獄一樣。在這樣的環境下，人類應該活不了多久，但即便如此，也不會所有的生物都迎來死亡。

一般認為，**三十八億年前地球剛擁有海洋時，其實汪洋一片都是淡水。**鹽分是經過漫長的歲月慢慢地流入，形成現在的樣子。很有可能，曾經遭到毀滅的海洋生物最後會復活，並享受沒有人類，像是樂園般的世界。

本來想向人類伸出援手，結果反而成為人類滅亡的愚蠢方案，真是遺憾。

不過還有一項很棒的提案，就是讓冰塊彗星撞擊地球。這個方法很實際吧？但實際操作等以後有機會再說吧！

你說想看彗星和地球相撞嗎？那就趕快追蹤VAIENCE的YouTube頻道！動作快！

富士山噴發會發生什麼事情？

幻想等級

損失總額將高達兩兆五千億日圓，日本關東慘遭火山灰覆蓋

富士山被認為是日本的象徵。據說富士山是在大約一萬年前，形成現今左右對稱、弧度優美的圓錐形。那美麗和雄偉的山脈，彷彿正靜靜地守護日本人的生活。

但是不要忘了，富士山是座火山，而且是在歷史上曾多次噴發的活火山。**像是二〇一二年在三合目附近觀測到微弱的蒸氣等，在在證明了富士山依然是座活火山。**

如果富士山現在爆發會發生什麼事情呢？相信各位對於東加火山爆發的情景還記憶猶新，那日本會變成什麼樣子呢？

不斷紛飛的火山灰
對基礎建設造成巨大的打擊！

光是根據現有的記錄，富士山在過去就曾爆發過十七次。目前已經得知，大約兩千三百年前，富士山東側斜坡坍塌後，泥流通過現在的三島市，流入駿河灣。平安時代三百九十一年間，爆發次數則是超過十二次。**富士山最後一次爆發是在一七〇七年**，史稱「寶永大噴發」，據記載，連距離富士山一百公里左右的江戶（現今的東京）也降下火山灰雨。讓我們來思考一下，假設現在發生了與寶永大噴發同等程度的火山爆發，生活會發生什麼事情呢？

首先，從爆發前幾天開始，富士山附近會開始頻繁發生火山性地震。因為地底下的岩漿朝著地表附近移動時，岩基中的水分快速蒸發、膨脹，導致岩基裂開所造成的現象。

接著在幾天後，富士山終於噴發。大量的煙霧伴隨著浮石從火山口噴出，不到一個小時，掉落的浮石就破壞了靜岡市和御殿場市的房屋，並引起火災。

此外，也有可能會噴出熔岩。最壞的情況是，熔岩流預計會在兩個小時內流向富士吉田市、御殿場市和富士宮市等市區。大概三個小時後，天空開始下起火山灰雨。根據當天的風向，**如果是吹西風，在短短幾個小時內，東京也會出現火山灰。**火山灰是讓人感到最棘手的問題。

首先是對人體的影響，推測慢性支氣管炎、肺氣腫和氣喘等疾病會惡化，而且還會對眼球造成傷害。更糟糕的是，對生活產生的影響。電車的車輪和鐵軌之間會有電流通過，所以即便只有一點點火山灰，也不能運行。汽車也因視野不佳不得不減緩行駛的速度。飛機起飛的跑道光是有〇・二公分的灰，就沒辦法使用。在這樣的情況下，根本無法順利運送糧食和水等物資。

假設富士山連續噴發一個月，估測堆積在地上的火山灰高度，小田原是三十公分，橫濱十公分，東京五公分，連千葉大部分的地區都有兩公分。發電廠和變電所也因為堆積的火山灰導致漏電，可能會引發大規模的停電事故。**預計落在首都範圍的火山灰達到一億五千萬立方公尺，這是每天出動八千輛卡車，連續清理一年才能清除的數量。**除此之外，還得擔心地殼鬆動的地方會發生土石流，以及對旅遊業造成的影響。假設出現最糟的情況，損失總額可能會達到兩兆五千億日圓。而且顯然火山灰的影響將會持續多年。

如何？是不是愈想愈害怕？但這畢竟是最壞的假設，實際上，相較於大規模的爆發，更常見的是小規模的噴發，下一次的火山爆發很有可能是小規模的程度。當然，這很難提前預測，**也不能篤定地說，一定不會發生超過寶永大噴發規模的火山爆發。**很遺憾，你們人類是柔弱的存在，很難正面戰勝自然的能量。

富士山好美喔！真想爬上去一次看看。
希望不要爬到一半摔下來……

如果…

磁極反轉會發生什麼事情？

世界各地都會出現極光，所有電力都無法使用！

幻想等級

各位可能認為指南針指向北方，是地球上不會改變的事實。但**這其實是你們頂多只能活一百年左右的人類所抱持的幻想而已。**

如果突然發生一個會影

響整個地球的變化，地球上所有的生物都有可能會陷入危機。然而，**「磁極反轉」是例外，從地球從古至今的歷史來看，磁極反轉大多都在短短的一瞬間完成，不論過去發生過多少次，但目前沒有證據證明它曾引起大規模的滅絕。**因此我們可以大膽地假設，即便在現代發生磁極反轉，人類也能夠安然無恙。那實際上會發生什麼事情呢？

地磁引起的磁極反轉
其實已經發生過一百八十三次！

在學習關於指南針的知識時，地球經常會被比喻成一個長條狀磁鐵，北極是S極，南極是N極，但事實上並沒有那麼簡單。

在地球上指南針顯示為正下方的兩個地方稱為磁極，假設地球是一塊長條狀磁鐵，就會有磁極中的N極和S極。然而，這個磁極與自轉軸上的北極和南極位置並不一致。

舉例來說，北磁極在進入二十一世紀前位於加拿大北部，二〇〇一年距離北極約一千公里。到了二〇二一年，則位於距離北極大約四百公里的俄羅斯。南磁極到二〇二一年為止，在距離南極兩千九百公里的地方，甚至不在南極大陸上。

之所以會產生這樣的偏差，是由於引起地磁的來源。地球內部從內側開始依序由內核、外核、地函和地殼組成，但其中含有許多金屬，像是鐵和鎳等，一般認為液體外殼是引起地磁的來源。當一種導電性好的物質在對流的作用下邊運動邊旋轉時，電流會因為周圍少量的磁力而流動，該電流會產生新的磁力，進而再使電流流動，如此循環下，會出現磁力逐漸增強的現象。

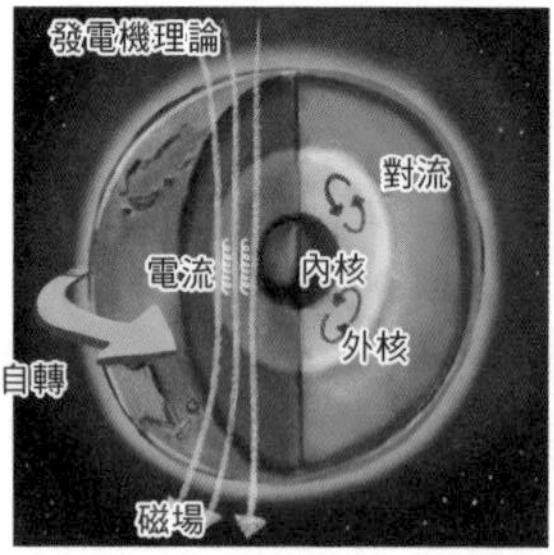

這就是地磁由來中最有說服力的說法——發電機理論（Dynamo theory）。

另外，儘管尚不清楚詳細的構造，但發電機理論也推測出地磁會隨機反轉的結果。目前已經得知，在過去八千三百萬年間，其實已經發生一百八十三次磁極反轉。平均每十萬到一百萬年發生一次，不過現在還不知道磁極反轉是否會對生命產生影響。

有研究指出，在發生磁極反轉前一階段，整個地磁往往都會減弱，這使地球暴露在太陽風和宇宙線等有害輻射線下，對生命造成威脅。但另一方面，儘管過去發生過多次磁極反轉，現在地球仍然充滿生命力，最重要的是，尚未找到能夠證明大量滅絕與磁極反轉有關的決定性證據。

如果磁極在現代反轉會發生什麼事情呢？地磁強度的記錄可以追溯到一八四〇年左右，目前已經得知，從當時到現在大概一百八十年的時間裡，地磁的強度減少了約百分之十五。而且，從南美洲到大西洋，還發現了一個名為「南大西洋異常區」的區域，這裡是地球地磁最弱的區域。

也有研究表示，磁極可能會移動，並且這些現象是磁極反轉的預兆。

雖說如此，目前關於地磁還有許多不了解的地方，今後地磁會如何發展？以人類的時間感來說，是否會在近期內發生磁極反轉？只能說完全不清楚。

無法使用電力，
但或許可以在附近看到極光？

如果在現代發生了磁極反轉，會發生什麼事情呢？

正如剛才所介紹的，推測地表的輻射量會增加，因此包括人類在內，棲息在地面上的生命罹癌率可能會上升。

另一方面，普遍的想法是，大氣層會在一定程度隔絕輻射線，所以磁極反轉不會導致大規模的滅絕。

接下來，請放心地走到戶外看看，**竟然有機會看到本來只有在北極和南極附近才能看到的極光。**

在磁極反轉期間，磁極出現的位置是隨機的，當然也有可能在過程中出現在日本。極光是太陽風構成的高能量粒子與大氣碰撞後產生的現象，由於地磁的作用，粒子大多會集中在磁極的附近，這就是為什麼可以看到極光的原因。

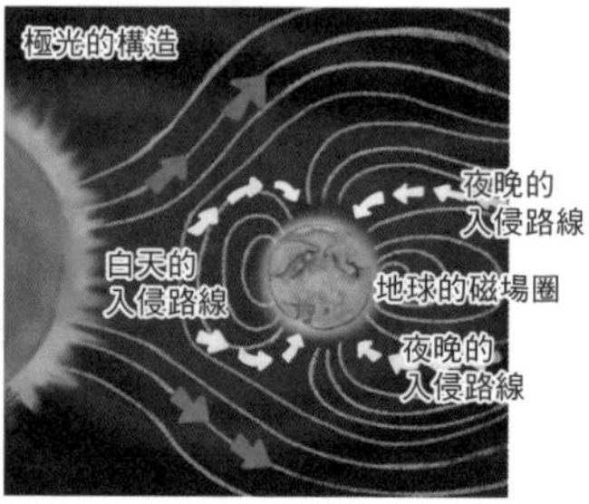

也許你會覺得可以在家中看到美麗搖曳的極光也不錯。屆時周圍將一片漆黑，可以盡情地享受夢幻般的極光。

然而，令人悲傷的是，在磁極反轉的過程

中，支撐當今人類文明的寶貴電力極有可能完全無法使用。

到達地面的輻射線中也有一些含有帶電的粒子。這些粒子的移動會產生磁力，如果該磁力通過電子設備或電力網，電力會隨意地流動。現代人類使用的電子設備需要精密的電流流動，並且電力網會利用變壓器保持電力的平衡。如果電力因為輻射線隨意流動，無論是電子設備還是電力網，預計都會遭到破壞。

事實上，在一八五九年曾發生過大規模的太陽閃焰，且帶電的粒子灑落在地表上的情況。當時留下的一項軼事是，電報用的電纜起火，無法使用。二十一世紀的人類生活對電力的依賴程度遠遠超過當時，那將會發生什麼事情呢？也有科學家擔心人類的生活會回到十九世紀，不過只有真的發生磁極反轉，我們才會知道結果。

幸運的是，地磁不會在某一天突然減弱。關於磁極反轉需要多久的時間完成，目前有多種預估的時間，不過一般認為是一千年到一萬年左右。目前固然無法預測磁極反轉會在何時發生，但為了應對這種狀況，若能夠儲備電力網的變壓器，應該有助於將災害縮減到最小。

自古以來從來沒有發生過，但今後確實會發生，而且一旦發生損失將會非常大。對於你們人類來說，在被批評「浪費」的同時，堅持不懈地防備一個當事者無法注意到的隱藏威脅，應該相當簡單吧？

一八五九年發生了有史以來規模最大的太陽閃焰，各地都觀測到極光。據說，出現了極度明亮的極光，亮到在洛磯山脈的礦工誤以為已經早上，還起床準備早餐。

COLUMN

想盡辦法活下去！VAIENCE的生存技巧

從飛行中的客機上墜落時的存活法

在現今的社會中，飛機是不可或缺的交通方式。飛機航班的數量逐年增加，據統計，光是二〇一九年，全世界就約有四千萬次客運航班運行。當然，客運航班也有分淡、旺季，但簡單除以一年的總天數可以得知，全世界平均一天共有超過十萬次的航班。

雖然航空的方便性和安全性都很高，但航班數如此多的情況下，實在很難將事故發生率降為零。搭乘飛機時可能發生的情況中，最糟的是從飛行中的客機上掉下來。確實有幾個實際發生的例子，而且也有生還者。這次就讓我來介紹一下如何在這種情況下生存下來。請放心，不會像之前的專欄一樣，這次沒有VAIENCE SUIT也能夠生存。

飛機飛行高度在一萬公尺左右，周圍的氣壓大約是地球的四分之一。

因此，在這裡從飛機墜落的人類會因為氧氣濃度不足而暈倒。假設在這種狀態下，頭部朝下墜落，空氣阻力與加速度相互平衡的速度是時速三百公里，若是直接撞擊地面，就能夠輕輕鬆鬆地逝去。

雖說如此，你若是如此輕鬆地離世我會很困擾。繼續往下墜落，當高度達到六千七百公尺時，氧氣的濃度會逐漸升高，運氣好的話會恢復意識。現在，請清醒過來吧！

你在墜落時八成會非常驚慌，並做好赴死的準備。不過，如果你是瘋狂到在這種情況也能冷靜下來的人，那麼從垂直下墜的狀態開始俯臥，並將四肢伸直，呈現抵抗墜落的大字形姿勢，可以將墜落的速度降低到時速兩百公里左右。此時離到達地面還有兩分鐘的時間，建議尋找落地時能夠稍微提高生存率的地方。

至今為止，從高空自由落體的人之所以能夠生存下來，大部分都是將乾草堆或灌木叢等當作緩衝墊。基於相同的道理，雪原與沼澤地也被列為是落地的備選地點。相反地，大海和湖泊等液體不會在瞬間變形，在高速衝撞下，水面會像是混凝土一樣堅硬。想去另一個世界的人，可以選擇大海或湖泊沒關係。

美國聯邦航空總署（FAA）在一九六三年發表的一篇文章中指出「雙腳併攏，後腳跟朝向上空，抱住膝蓋，有助於提高生存率」。想要活下來的人建議擺這個姿勢，剩下的只能聽天由命了。因為沒穿VAIENCE SUIT，存活機率很低，但總會有辦法的，祝你好運！

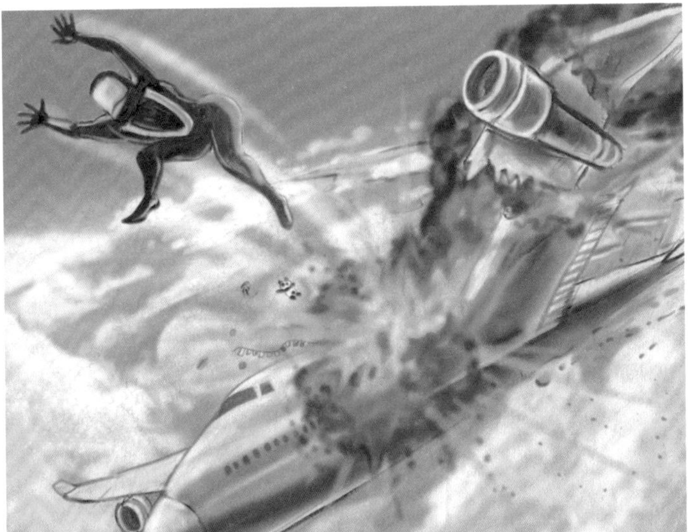

第4章

什麼？想回去了？都來到最後一章了，不要說這麼掃興的話嘛～！本章是「人類幻想」，意思就是可以把你當作實驗白老鼠。當然囉！你沒有拒絕的權力。

人類幻想

如果……

人類不刷牙會發生什麼事情？

幻想等級

牙齒會蛀光並散發口臭，還有罹患其他疾病的風險……

要成為一名太空人，無論是頭腦、肉體還是精神，各方面都得出類拔萃。其中，沒有蛀牙也是條件之一。**因為在發射過程中會經歷加速度和周圍氣壓的變化，如果放**

任蛀牙進入宇宙，症狀可能會大幅惡化。即便是太空人，似乎也沒辦法輕輕鬆鬆地忍受牙痛。

然而，並不是所有人都想去外太空。你們之中應該有些人覺得不去外太空也沒關係，就是不想刷牙，想要度過一個不刷牙的人生。既然如此，就大家一起不要刷牙吧！第一個後悔開始刷牙的人會被炸飛到太空。好！膽小鬼比賽開始！

除了蛀牙和口臭，還有罹患各種疾病的風險……

目前已經證實，由於牙齒形狀或唾液成分的差異等因素的影響，蛀牙與否因人而異。就你身邊的人來說，有些人即使很小心，也很容易蛀牙，同時也可能會有人不管怎麼吃都不會蛀牙。因此，想必大家都不刷牙後，每個人身上發生的情況也會各不相同。

然而，一般認為，大約三到七天內牙菌斑就會開始變得明顯。

口腔內棲息著好幾百種的微生物，牠們居住在牙縫或牙齒表面凹凸處，形成名為牙菌斑的集合體。其中還有一些微生物會分解食物殘渣的澱粉等醣類，進而產生酸性物質。**這種酸性物質會溶解組成牙齒的琺瑯質和象牙質，導致牙齒出現漏洞，這就是所謂的蛀牙。**

牙菌斑不僅會影響牙齒，還會波及到牙齦。因為牙菌斑裡的微生物也會入侵牙齒和牙齦之間，引起牙齦發炎。這種名為牙齦炎的狀態如果持續惡化，就會形成牙周病，從而導致牙齦流血或在咀嚼時產生疼痛，嚴重的話牙齒還會脫落。

而且，造成困擾的對象不只是本人。研究顯示，有些不需要氧氣就能生長的微生物，會棲息在牙齒和牙齦分界線下方的牙結石內。**這些微生物產生的分解物被認為是形成口臭的原因，所以不刷牙也會使周圍的人遠離你。**

如果到了這個階段還有不刷牙的傻子，會發生什麼事情呢？就算最後所有牙齒都掉光光也不奇怪。不過，也許有一些懶惰的人會這麼想：只要能忍受牙痛和周遭的視線，直到牙齒全部都脫落，最後就能獲得完全不用刷牙的身體了。

遺憾的是，不刷牙不僅會對口腔造成負面的影響，其危險性還會波及到全身。近年來，有報告指出，許多案例同時罹患了牙周病和其他疾病，甚至有些專家認為，牙周病會增加這些疾病的罹患風險。必須注意的是，這只是相關性，而不是因果關係。

不過，牙周病對人體的影響相當廣泛，包括受到微生物繁殖的波及，或是引起發炎而影響體內蛋白質。微生物增加，還可能會引發肺炎、氣喘或口腔疱疹等。

根據研究報告顯示，這種影響並不侷限於口腔周圍，例如經常性發炎導致血壓上升，罹患心臟病的風險也會提高；發炎而影響蛋白質，則，會提高對胰島素的抗性，進而引發糖尿病等。目前尚未釐清因果關係，但也有人懷疑腎臟病和失智症也與牙周病有關，也就是說，牙周病可能會使人苦於各種疾病。

考慮到可以降低這些疾病的風險，以每天兩次、一次刷十分鐘為目標而努力刷牙也不是壞事。大家一起來刷牙吧！

好的，你刷完牙了，膽小鬼比賽你輸啦！我要把你吹飛到外太空。

人類不睡覺會發生什麼事情？

四天不睡覺會出現嚴重幻覺，第十一天會開始不知道自己在做什麼

幻想等級

一九四〇年代，蘇聯曾進行為期十五天的實驗，將五名囚犯關在充滿「使人無法入睡」的毒氣房內。十五天後，囚犯變成非人的「某種東西」，甚至還做出撕碎自

己的肌肉和骨頭等行為。這個可怕的人體實驗卻埋藏在歷史的黑暗中……

這是個關於蘇聯睡眠實驗的故事，在網路上作為「都市傳說」而聞名。請放心，這不過是個虛構故事。不過，**難道你不好奇人類真的不睡覺會發生什麼事情嗎？**有些人應該熬過一、兩天夜，但這次可不是這麼簡單。什麼？你說你要睡了？

不知道為什麼要睡覺，但有很多不睡覺不行的理由

關於睡覺，仍有許多根本上的問題尚未得到解答，像是為什麼要睡覺？睡覺時是處於什麼樣的狀態等，目前人類正針對這些疑問積極地進行研究。

經研究顯示，幾乎所有的動物都至少有一段時間接近睡眠的狀態，而且很有可能所有的生物都需要睡覺。

另一方面，關於不睡覺會發生什麼事情的問題，目前也有許多研究正在進行。不睡覺的影響不到一天就會開始顯現。一項研究顯示，連續二十二小時不睡覺的人，其反應速度比血液中的酒精濃度為百分之〇・〇五※1的人還要慢，而且據說反應準確度，也就是失誤次數，比血液中酒精濃度為百分之〇・一的人更多。可以說，睡眠不足時最好不要開車。

若是二十四小時不睡覺，主要會受到影響的是大腦。處理情緒和記憶的同時，在原始反應起到重要作用的杏仁核，與掌管邏輯和社交性的額葉之間的訊息交換會大幅減少，取代而之的是，與大腦中主要負責壓力反應的藍斑核之間的交流會增加。

最後，**藍斑核會認為日常生活中的各種事物都很危險，導致抗壓性變得極低，即使只是件小事也會發火。**

還有研究結果顯示，**本人並不知道自己的能**

※1 血液中的酒精濃度為0.05%：相當於吐出來的氣體，每公升酒精濃度為0.25毫克，這在日本已經達到酒駕會被吊銷執照的程度。

力正在下降。對連續起床三十六小時的人進行短期記憶測驗，測驗結果比一般人還差勁，但受試者似乎對自己的記憶很有自信。此外，如果到這個時候都還沒有進入睡眠，人類很可能會陷入一種名為「微睡眠」的狀態。微睡眠是指，在短時間內，也就是約數秒至兩分鐘進入睡眠狀態的現象。據說本人會覺得時間好像在不知不覺間消失了。

如果這種狀態持續好幾天，最終可能會出現幻覺。一九六四年，美國有一位名叫蘭迪・加德納的高中生挑戰十一天不睡覺，據說**在第四天時出現嚴重的幻覺，包括將路標誤認為人，或是誤以為自己是著名的美式足球選手。到第十一天時，他連自己在做什麼都很難理解**，最後還是順利完成挑戰。但在幾年後，他似乎苦於嚴重的失眠。

如果再繼續不睡覺會發生什麼事呢？到目前為止除了自我宣告（Self-declaration）以外，沒有人真的連續不睡覺超過十一天。以讓老鼠無法睡覺的實驗為例，實驗結果顯示，所有的老鼠會在第十一天到第三十二天死亡。也有人對於人類和老鼠一樣，不睡覺會迎來死亡的說法存疑，但無論怎麼說，不睡覺可以說是百害無一利。

即便如此，據說現代人活在一個睡眠不足的世界，在難以入睡的夜晚，打開YouTube裡的VAIENCE影片代替搖籃曲幫助入睡，也不失為一種選擇。

如果……

人類沒有痛覺會發生什麼事情？

幻想等級

在不注意的時候到處都是傷口，幼兒還會咬破手指……

有人表示，分娩、尿道結石、骨關節炎等，是人類所經歷的疼痛中最痛苦的疼痛。頭痛和受傷的疼痛還不及這種程度，但應該有許多人深受折磨。在感到劇烈疼痛時，你是否有想過「希望痛覺能夠消失」呢？

儘管這種人不多，但事實上真的有人完全不會有疼痛的感覺。對於日常生活飽受疼痛折磨的人來說，這或許是他們極為想要的能力。乍看之下，這是任誰都羨慕的絕佳狀態，但實際情況又是如何呢？感受不到疼痛，或許可能是「詛咒」也說不定。

是開外掛還是詛咒？沒有痛覺的下場

一般認為，天生感受不到痛覺的人，是基因突變或是已經突變的基因所引起的結果。

因為與痛覺有關的基因不只一個，根據突變的基因，引起的症狀也會有所不同。舉例來說，會導致嗅覺消失，或是會造成輕微的記憶障礙等等。

如果你覺得這像是在描述一種疾病，那就代表你答對了。

感覺不到疼痛確實是危險的疾病，其中有出汗異常症狀的被稱為「先天性痛不敏感症合併無汗症」，這是一種列為國家疑難病症的疾病。遺憾的是，沒有痛覺不像是虛構故事那樣，是開外掛的能力，而是可能會導致失去性命的疾病。

沒有痛覺會有什麼問題呢？

為了說明這個問題，我要跟各位分享一個生活在美國的女孩所經歷的故事。

這位女孩天生就不會感受到疼痛，剛出生時父母並沒有發現她的異常。但是**她在一歲時，用手指劃傷了眼睛，進而引發了嚴重的視網膜剝離。**醫生為了保護她的眼睛，暫時用線縫住她的眼皮，結果女孩竟然用手抓住眼皮，把縫合線弄斷。

在那之後，苦難仍在繼續。**到了四歲時，她咬手指咬得太用力，傷口深至見骨，手指看起**

來像是一團血淋淋的生肉。舌頭也因為咬合太用力，被咬得又紅又腫，有一段時間甚至無法喝水，陷入脫水症的危險。最後，女孩的雙親做出了苦澀的決定，他們拔掉女孩所有牙齒和摘掉化膿的左眼球。那位女孩在二〇一八年開始做牙齦手術，希望能找回自己的牙齒，但她似乎已經永遠失去視力。

如同上述所說的，即使沒有感覺到疼痛，身體也會受到傷害。因此，沒有痛覺的人**就算受傷也能正常活動，不，應該說「可以無視受傷，正常地活動」。**疼痛的作用，就是將身體受到傷害的重要訊息傳遞至大腦。一般人會在成長時，避免從事導致疼痛的行為；但**天生沒有痛覺的孩子沒有這種學習的機會，其中也有因為魯莽的行為而失去性命的例子。**

還有許多不是直接，而是間接危及到生命的事件，例如：病菌在本人沒有注意到的情況下，從傷口進入身體，或者由於沒有留意到物

體的溫度而嚴重燒傷等。再加上，罹患先天性痛不敏感症合併無汗症的人，體溫調節可能出問題，最後因為高燒而喪命。**有報告指稱，天生沒有痛覺的人中，只有極少數的人能夠活過二十歲。**

有一位患者的父親甚至流著淚說，只要能夠給予女兒擁有疼痛的能力，他什麼都願意做，就算要砍掉他的右手臂也沒關係。可以說，感受不到疼痛的能力是讓人害怕的「詛咒」，所以身邊的人才會有這樣的想法。

此外，儘管沒有對生命造成威脅，還是極有可能會為身體帶來無法挽回的傷害。除了剛才介紹的女孩失去視力外，還有放任骨折，導致骨頭在扭曲的狀態下痊癒的例子。而且其中有許多患者對金黃色葡萄球菌的抵抗力較弱，出現皮膚發炎、膿瘍、骨髓炎的風險比較高，關於造成這點的原因至今仍不明。

雖說如此，只要父母堅持不懈地告訴子女，在日常生活中也總是仔細地留意危險，並定期到醫院進行檢查，感受不到疼痛本身對人類來說就不是問題。

近年來還有人開始討論是否能夠有效活用這些患者的基因。因為現代社會有許多人都苦於疼痛，如果以基因治療的形式將人們從痛苦中解放，就能豐富許多人的生活。對於飽受慢性疼痛折磨的人來說，不會感覺到疼痛的能力不是什麼「詛咒」，而是將自己從痛苦中解放出來的「救贖」。

疼痛也笑得出來？後天性痛覺消失的案例

前面已經介紹了先天性感受不到疼痛的情況，那是否有後天性感受不到疼痛的情況呢？這種案例並不多，但如果「前扣帶迴」或「島葉」這類與處理疼痛有關的大腦部位受損，有時會出現無法將疼痛視為不適的症狀。也有報告指稱，有些案例在這種情況下，會對本應感到疼痛的情況完全無動於衷，反而還會因為覺得癢而發笑。

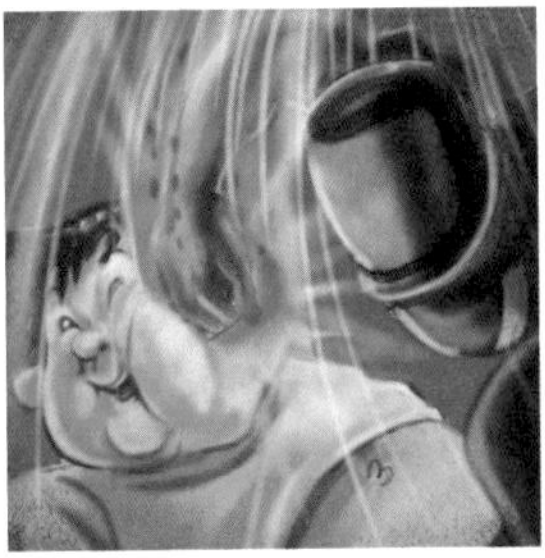

目前還沒有關於這類型患者生存率的數據，但他們應該必須像天生不會感到疼痛的人一樣，在日常生活中多費一點心思。再加上，大腦受損的同時也會有失去恐懼感、對學習處理危機的方法不感興趣的副作用，因此推測採取魯莽行動的可能性會上升。一項研究表示，**他們彷彿就像是把自己身體的疼痛當作是別人的事情一樣。**

無法否認，像這樣失去痛覺具有可怕「詛咒」的一面。但另一方面，人類科學能力的進步，可能轉變這些產生許多悲傷的「詛咒」，將人們從苦難之中解救出來。

如果能夠順利實現這一點，或許連無法感受到疼痛的人也能獲救。

雖說要獲得什麼東西就必須付出代價……但這個代價未免也太大了吧？
我只能說，讓我們謝謝VAIENCE SUIT的存在。

如果……

以光速拉屎會發生什麼事情？

幻想等級

大便會開始核融合，並飛往其他銀河！

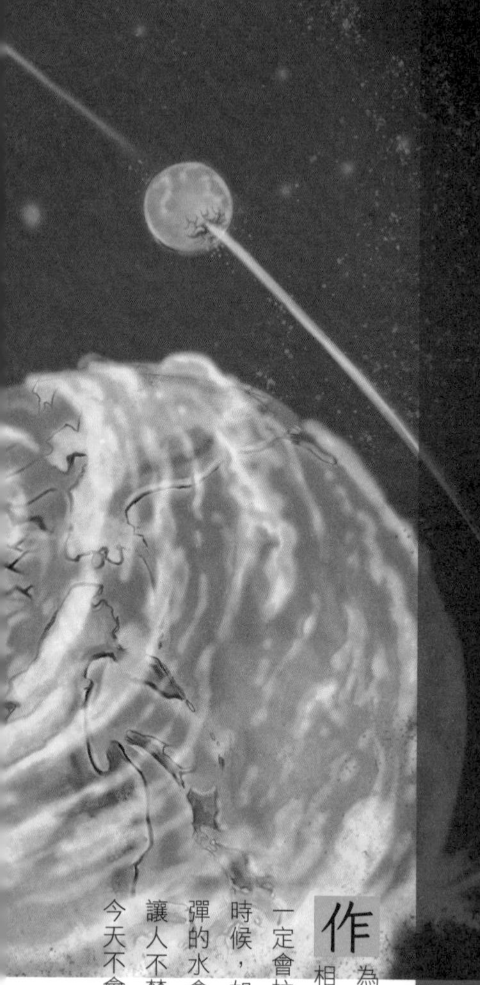

作為生理現象之一，相信身為人類的你一定會拉屎吧？在拉屎的時候，如果太過用力，回彈的水會打到肛門並且會讓人不禁想說「啊～感覺今天不會順利啊～」。

根據拉屎的用力方式，大便會以比想像中更快的速度掉入馬桶。

如果想辦法使拉屎的速度快到不合理，那會發生什麼事情呢？

快到不合理是多快呢？我想想，那就光速吧！**光速是宇宙中最快的速度，相當於秒速為二十九萬九千七百九十二公里。**請毫不猶豫地借助VAIENCE SUIT的力量，直接向著馬桶大便。當大便以光速掉落時，會發生什麼事情呢？

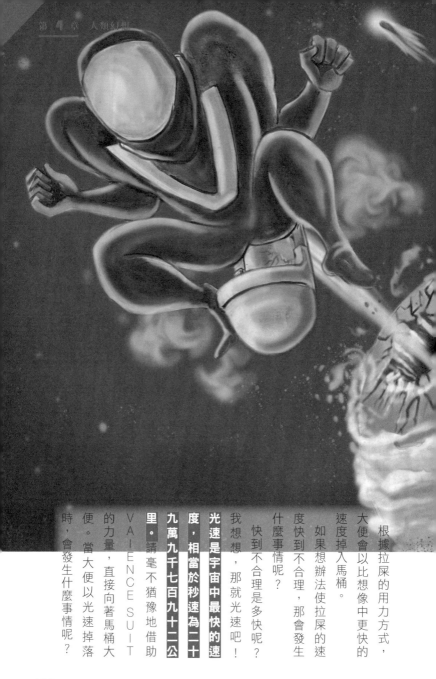

想辦法盡可能地以光速拉屎

首先，讓我們想一想，要以光速拉屎需要什麼條件。

人類到二十世紀前半葉為止，都認為物體的速度沒有限制。也就是說，當時普遍認為，給予物體的能量愈多，速度就會愈快。不過，在一九〇五年愛因斯坦發表狹義相對論後，人們開始認為這種想法並不正確。物體的速度愈快，加速所需的能量就愈多，隨著愈接近光速，所需能量就會以指數函數加倍，並在達到光速時變得無窮大。**也就是說，以光速拉屎需要無限大的能量。**

就算是VAIENCE SUIT，也不可能創造出無限大的能量，所以很難以光的速度來大便。

嗯～以光速拉屎這宏偉的夢想就這樣消失了啊……不！現在放棄還為時過早。雖然光速本身在物理上是不可能的，但在宇宙並沒有禁止以無限接近光速的速度進行拉屎。

那要多接近光速呢？是光速的百分之九十九？還是百分之九十九・九九？不！這也太小看我了。這裡要用快到跟光速差不多的速度，也就是光速的九十九・九九九。因為小數點後高達五十六個九，也可以理解為無限接近光速。

那需要多大的肌肉力量，也就是力氣，才能將大便加速到這個速度呢？

大便時使用到的肌肉主要是腹肌。一般大便的平均重量為兩百克，我們來計算一下，要將其加速到光速所需的肌力吧！

假設腹肌的重量為五公斤，肌肉收縮的距離為十公分，到達速度幾乎為光速，那在不考慮其他數值的情況下計算出必要的力氣……計算不出來。事實上，當速度如此接近光速時，無法用現在地球上的電腦直接計算出答案。因此，我試著用VAIENCE單獨運算……啊！算出答案了！得出的結果是腹肌所需的力量平均約為十的三十九次方牛頓。

什麼？數字太大，無法想像嗎？

簡單來說，**相當於將與太陽質量相同的物體帶入地表時，產生之重力的五千萬倍左右。**如果還是聽不懂，那就一起以光速大便，實際感受一下有多快。

接下來，就出發吧！穿上VAIENCE SUIT，跨上馬桶，腹肌用力！

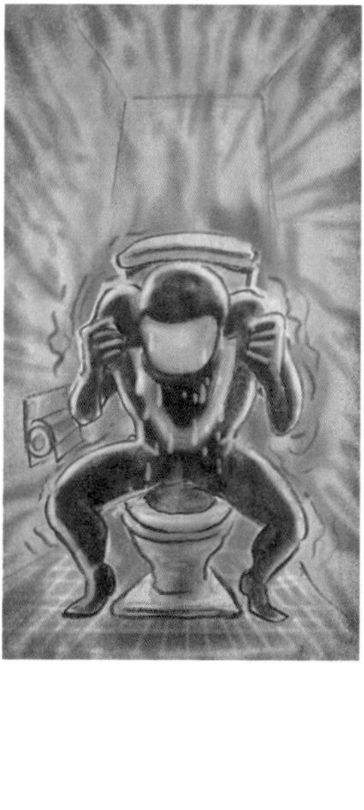

倒數計時開始，5、4、3、2、1，噗噗！恭喜你！你的大便順利地以近乎光速的速度從肛門發射出來了。

近乎光速到產生核融合的大便〇．〇四秒內貫穿地球

喔！是巨大到不合理的衝擊波。

幾乎以光速移動的大便撞擊空氣分子後，因為速度過快，開始形成核融合。因此釋放出巨大的能量，使周圍的一切都電漿化。大便會保持這個氣勢抵達馬桶裡的水，但水竟然也核融合了。然而，這樣還沒結束。大便在瞬間入侵水下的馬桶、管道以及地面，使接觸到所有事物的原子都進行核融合。

此時，**你的廁所和周圍會像核爆爆炸中心一樣變成一片焦土。**這是因為，即使大便中只有一個氫原子，以TNT來換算，其威力也會達到五百兆噸，也就是人類史上最大核彈沙皇炸彈[※1]的十倍左右。

但衝擊依然沒有平息下來，大便入侵地底後氣勢絲毫沒有減弱，**依序到達地殼、地函、外核及內核後仍然沒有停止，結果竟然貫穿整個地球**，而且整個過程只花了〇．〇四秒。

遭到貫穿的地球呈現出的是，大便以近乎光速的速度穿過的洞，與沿著這個洞的牆壁逐漸擴大的核融合反應所形成的地獄般景色。也有可能因為能量過大，整個地球被摧毀。

幾乎以光速前進的大便就這樣進入到外太

※1 沙皇炸彈：蘇聯所開發的史上最大氫彈。

空，但它在貫穿地球後完全沒有減速。

哎呀！是最糟糕的發展。**以近乎光速前進的大便飛往的方向，好像是月亮所在的地方……**在貫穿地球後經過一・二秒，大便與月球相撞，月亮也與地球一樣遭到貫穿。

儘管如此，依然沒有阻止以近乎光速的速度前進的大便。

此時，大便擁有的總能量以ＴＮＴ換算後，約為十的二十八次方。這與名為Ｉａ超新星的超新星爆炸所產生的能量差不多。即使撞上太陽，也會把太陽撞得無影無蹤，也許太陽系會因此迎來結束。

以近乎光速前進的大便，它的旅程依然還在繼續。二十小時後，將飛越在太陽系外飛行的航海家一號，成為在距離地球最遠的地方飛行的人工物體。之後，別說是太陽的重力，大便連銀河系的重力都甩在後頭，並飛向另一個銀河系。

結論是，拉屎的時候過度努力，人類和地球都會面臨危機。今後拉屎的時候，請盡量放輕力道。

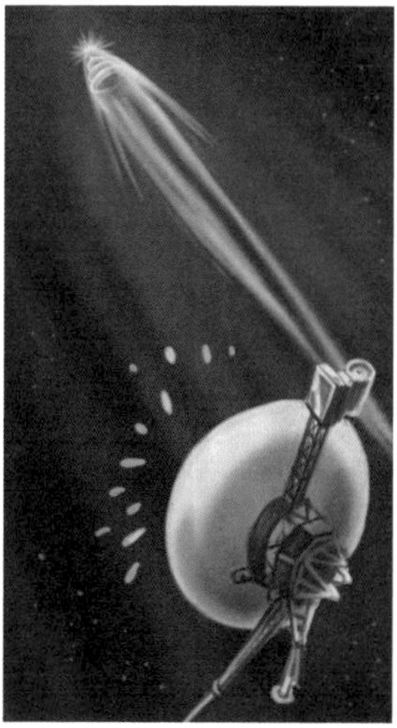

都嘛是因為你以近乎光速的速度拉屎的關係，地球整個變得破破爛爛的！

力
考
完
力
活
生
百

如果…

人類能夠活用百分之百的大腦會發生什麼事情？

身體無法負荷大腦，進而喪命！

幻想等級

你們人類的大腦作為記憶、思考和調整身體的指揮中心，具有重要的作用，據統計，將組成大腦的細胞全部加起來，總共有一千億到兩千億個。大腦經常會拿來與電腦進行比較，但從訊息處理速度來看，大腦其實與超級電腦不相上下。不，豈止如此，也有人說，**人類大腦在一秒鐘進行的活動，相當於超級電腦運行四十分鐘。**而且還有人表示，這種程度的大腦能力還只是使用部分大腦而已。

那如果活用百分之百整個大腦，會發生什麼事情呢？如果能夠完全使用大腦，你們人類的身體會發生什麼事情呢？

你的大腦是輪流運作的？

一般認為，你們人類的大腦只使用了百分之十至十五。關於為什麼會有這樣的認知，目前有多種說法，其中最主要的有三種。第一種是阿爾伯特・愛因斯坦曾表示「人類只能夠發揮出百分之十的潛在能力」。第二種是，與占據大腦九成的「神經膠質細胞」有關。神經膠質細胞具有幫助神經細胞的作用，但人們認為它與訊息傳遞沒有直接關係。因此，「大腦會用剩下的百分之十進行訊息傳遞」這一推測成立，進而形成人類只使用了百分之十的大腦這個理論。第三種認為大腦並沒有完全被使用的論點是，大腦中有一個名為「寧靜區（Silent Area）」的區域，這個區域不僅受到刺激沒反應，而且也尚未確定其功能。

然而，這三種說法在現今不是已經遭到否定，就是可信度受到質疑。**大腦細胞各有不同的功用，只有在收到自己負責的資訊時才會活動。**另外，也有人的想法是，整個大腦不是同時運作，而是**根據大腦部位，輪流交替使用，透過創造休息的部分來維持大腦功能。**

科學已經證實，大腦對於刺激並不會全體一起產生反應，而是根據刺激的種類，大腦活化的部位也會有所不同。那為什麼大腦不能同時運作呢？思考這個問題也就等於是在思考「如果可以使用百分之百的大腦，會發生什麼事情？」。

大腦的重量占體重的百分之二至三左右，但在產生出細胞活動所需的能量時，使用的氧氣總共占體內總氧氣的百分之二十。而且為了產生能量，成人大腦每天要消耗一百二十克的葡萄糖。此外，大腦會使用體內約百分之十五的血流量，讓氧氣和葡萄糖遍布整個大腦。

因此，不是整個大腦同時運作，而是視狀況活化一部分的大腦。儘管是大腦的功能，但需要相應的氧氣和葡萄糖，所以**如果使用百分之百的大腦，氧氣和葡萄糖的消耗量照理說會一口氣大幅增加。**此時，你們人類的身體究竟會發生什麼事情呢？接下來，你就是實驗的白老鼠，讓我們使用VAIENCE SUIT的力量，喚醒你整個大腦。

血流量減少導致肌肉消失……大腦完全運作的巨大代價

首先，大腦的血流量會增加，以供應氧氣和葡萄糖，而原本會流向其他身體部位的血液則會減少。內臟和肌肉等會陷入缺氧、葡萄糖不足的狀態，肌肉會試圖分解肌肉蛋白質來補足，導致肌肉逐漸消失。

對內臟的影響更為嚴重。消化系統負責消化食物並將食物分解成葡萄糖，以用來產生能量，當這個功能受到影響時，就無法充分消化食物，進而造成葡萄糖的供應量減少。預計最後會因為血液中的葡萄糖量減少，出現低血糖症狀。

此外，大腦消耗大量的氧氣的同時，也會排出大量的二氧化碳，隨著血液中的二氧化碳濃度增加，肺部交換氣體的作用也會愈來愈不順暢，血液迅速偏向酸性，從而演變成「酸中毒」的狀態。

當然，大腦本身也會受到影響。消化系統衰竭，導致葡萄糖供應不足、血氧濃度下降，而且因為心臟也受到影響，進而使流向大腦的血液減少。當大腦百分之百活化時，這些情況會在短時間內發生，因此所有的一切都會成為急性症狀，生命馬上就會面臨危機。**遺憾的是，包括你在內，現在的人類並沒有具備使大腦百分之百運作所需的能力。**

或許能成為超人？ 感覺、思考能力的變化

另一方面，就感覺方面來看，如果使用百分之百的大腦會發生什麼事情呢？

有些科幻電影會描述一個人透過活用百分之百的大腦，提高個人的能力，例如使大腦的運轉速度加快或是周圍環境的速度變得緩慢等。

事實上，**在使用白老鼠進行的實驗已經證實，活化大腦有助於提高認知能力。**由於在面對快速移動的物體時，認知和辨識能力上升，一般認為讀取能力也會提高，例如快速開過去的車子是什麼顏色、形狀，車牌號碼是多少等等。此外，隨著認知、辨識能力提升，大腦獲

取的訊息量也會增加。在將訊息當作記憶的一部分提取出來時，百分之百活化的大腦可以更迅速、更準確地挑選出訊息。也就是說，感覺會變得更加敏銳。

那思考能力會有什麼樣的變化呢？

一般認為，僅靠活化大腦，並不足以提高思考能力。研究結果顯示，對於提升思考能力來說，訓練仍然相當重要。

從這些研究結果來看，可以想像，如果能夠解決對大腦以外的身體部分產生的影響，就能夠讓人類體驗百分之百使用大腦的新世界。

話雖如此，大腦的功能在於保持平衡，所以**不是說只要活化大腦，就能夠達到這個目標。目前已經得知，單純地刺激，反而會導致大腦失控。**

你們人類的大腦經過長時間進化成現在這個樣子，依然還有許多讓人無法理解的地方。

喔！真是難搞！

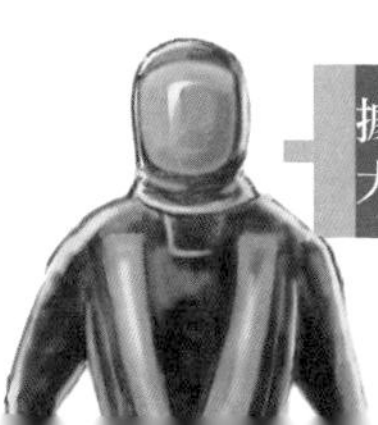

據說愛因斯坦去世後，科學家為了研究，將他的大腦做成標本，切成兩百四十片並製成幻燈片。

如果…

人類一直泡在水中會發生什麼事情？

身體會泡到鬆軟破爛。其實有人曾經挑戰過？

幻想等級

在下班或放學後，許多人會用泡一個舒緩的澡來結束感到疲憊的一天。泡在溫暖的浴缸裡可以放鬆僵硬的身體，相信大家都希望時間能夠停在這一刻。

這個願望，就讓VAIENCE替你實現！也就是說，會將作為讀者的你一直泡在水裡。**無論是呼吸、吃飯還是排泄都在浴缸裡完成。一天二十四小時，一年三百六十五天，到你的生命結束後也會繼續下去。**這個主意還不錯吧？

一直浸泡在水中的人類身體會發生什麼事情呢？就算手腳的皺紋蔓延到全身，變成一個巨大的桃紅色葡萄乾，那也是你的願望。嗯？事到如今你已經沒有拒絕的權力囉！

真的有人這麼做！連續泡在水裡十天的男性

大家的腦袋應該很容易就會浮現，人在泡入水中後，第一件會遇到的事是手腳會變得皺巴巴的。過去認為這是因為皮膚最表面的角質吸水而膨脹，不過根據最近的研究，最令人認同的說法是，這是進化後的結果，以便讓人類在手溼掉時也能夠抓取物品。

根據推測，手腳浸泡在水裡幾分鐘後，血管會收縮並形成皺紋，從離開水裡的當下，就算拿取物品，也不會手滑，同時皺紋會形成水流通的通道，使水可以迅速離開身體。**這與汽車等的輪胎溝槽有助於煞車是相同的道理。**

人類就像這樣，進化成短時間泡在水裡也不會影響生活的樣子，實際上就算泡澡泡一個小時，也不會對身體造成傷害。不過，如果是長時間泡在水裡，會發生什麼事情呢？

截至二〇二二年為止，在水中停留時間的世界紀錄保持人，是在二〇〇二年於水槽中待了十天的提姆・亞羅（Tim Yarrow）。這個行為的目的是為了宣傳潛水店，所以水槽設置在購物中心裡，吸引了眾多觀眾。如果你也想感受看看水族館裡的魚是什麼樣的感覺，可以跟著這樣做，但我個人不太推薦就是了。不僅是呼吸，就連飲食和排泄都在水裡進行。亞羅的情況是，用注射器攝取食物和飲用水，而令人在意的排泄問題，他是在洗腸後藉由導管來進

行，由此可以看出，他是做好準備和覺悟才來挑戰的。完成挑戰後，亞羅的**手腳看起來就像是皺巴巴的白色香腸，而且會感到劇烈的疼痛。**幸好沒有生命上的危險，但**手腳受到的傷害非常嚴重，據說在六週後才恢復健康。**

為什麼長時間泡在水裡手會皺巴巴的？

眾所周知，人類的皮膚如果在水裡泡好幾天，就會變得皺巴巴的。

具體為什麼會這樣，目前尚不清楚，但普遍認為是因為水逐漸滲入皮膚內部。如剛才所介紹的，手腳泡在水裡之所以會皺巴巴的，與角質膨脹無關，但那只是浸泡時間較短的情況。如果浸泡時間長達好幾個小時，角質膨脹就會成為主要原因。

人類皮膚最表面的部分，即角質層，是脂質連接死掉的皮膚細胞所形成的層狀結構。如果泡澡的時間拉長到二到六個小時，角質層的構造就會被打亂，並且角質層內會出現好幾個小水坑。

大約二十四小時後，水坑會變大，像亞羅的手腳一樣，角質層會像是有一部分剝離一樣，處於疼痛的狀態。

實際上，有資料顯示，越南戰爭期間，有許多美軍在溼地和水田中進行長達三天的任務。雙腳長期浸泡在水裡，導致他們腿部嚴重浮腫，而且痛到無法行走，這個疾病讓美軍非常苦惱。

皮膚也有保護身體免於病菌等威脅的作用，在這樣的狀態下，身體的防禦功能會大幅下降，很容易就會罹患傳染病。

相對於水槽 長時間泡澡更危險

在持續泡澡一週之後，會出現角質層完全剝離，以及角質層內出現空洞等，令人光看文字就覺得疼痛的現象。

除了皮膚壞死帶來的劇痛外，持續煮了一週，棲息在熱水中的病菌可能會同時入侵你的身體，進而引發敗血症。

有研究指出，水溫愈高，皮膚壞死的速度就會愈快。因此比起亞羅挑戰的水槽，泡澡其實更加危險。在亞羅的水槽中，似乎一直持續不斷地循環以氯殺菌後的水，可以看出，與沒有對策的你不同，亞羅也有考慮到應對傳染病的方法。

與海豚、河馬、海獅等水生哺乳類不同，陸生哺乳類長期浸泡在水裡，皮膚會像身為受試者的你一樣受損。

水生哺乳類是經年累月的進化結果，牠們皮膚含有的蛋白質結構發生變化，如水生這個詞彙所說的，即使在水裡浸泡二十四小時都沒有問題。

不幸的是，你要到達那個領域還為時尚早。

死後繼續泡在浴缸中等待你的是地獄

如果你就這樣泡澡泡到去世，並如你所願地繼續泡在浴缸裡會發生什麼事情呢？

據悉，由於水中的氧氣較少，溺水死亡的屍體，腐爛的速度會比在陸地時慢。

不過現在說的是泡澡，因為水溫較高，不能一概而論。但是處於低氧的環境下，組成身體的脂質會遭到分解，慢的話，**在幾個月內，一種名為屍蠟，類似酥脆起司般的物質可能會包覆著你的骨頭。**

由於屍蠟較難被微生物分解，所以需要更長的時間才能變成像是肥皂的物質。

最後你變成肥皂的身體，會以浸泡在黑紅色洗澡水中的狀態被發現。

你好像很享受泡澡，真是萬幸。

水溫還可以嗎？

哎呀？沒有人回答我……（笑）。

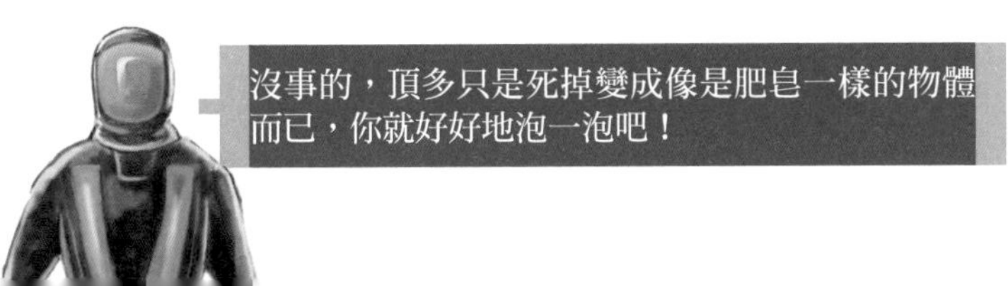
沒事的，頂多只是死掉變成像是肥皂一樣的物體而已，你就好好地泡一泡吧！

如果…

從富士山山頂滾落下來會發生什麼事情？

死亡後，也會沿著斜坡摔落，最後成為人肉球！

幻想等級

每年元旦都會有近十個人聚集在富士山山頂，一睹一年中的第一個日初。你可能會覺得人數比想像中的少，那是因為，冬天要到達富士山山頂本身就是一件極其困難

的事情。十二月末富士山山頂的平均氣溫低於零下十五度，有時還會刮起風速超過三十公尺的風。

不僅是富士山，冬天的山都非常危險，遺憾的是，也有許多人類喪命的案例。例如，可能會失足摔落山下，或是**因為氣溫比冷凍庫還冷，加上氧氣稀薄，不自覺地消耗體力和力氣，犯下難以置信的失誤**。如果你不幸地從富士山山頂滾落下來，會體驗到什麼過程呢？

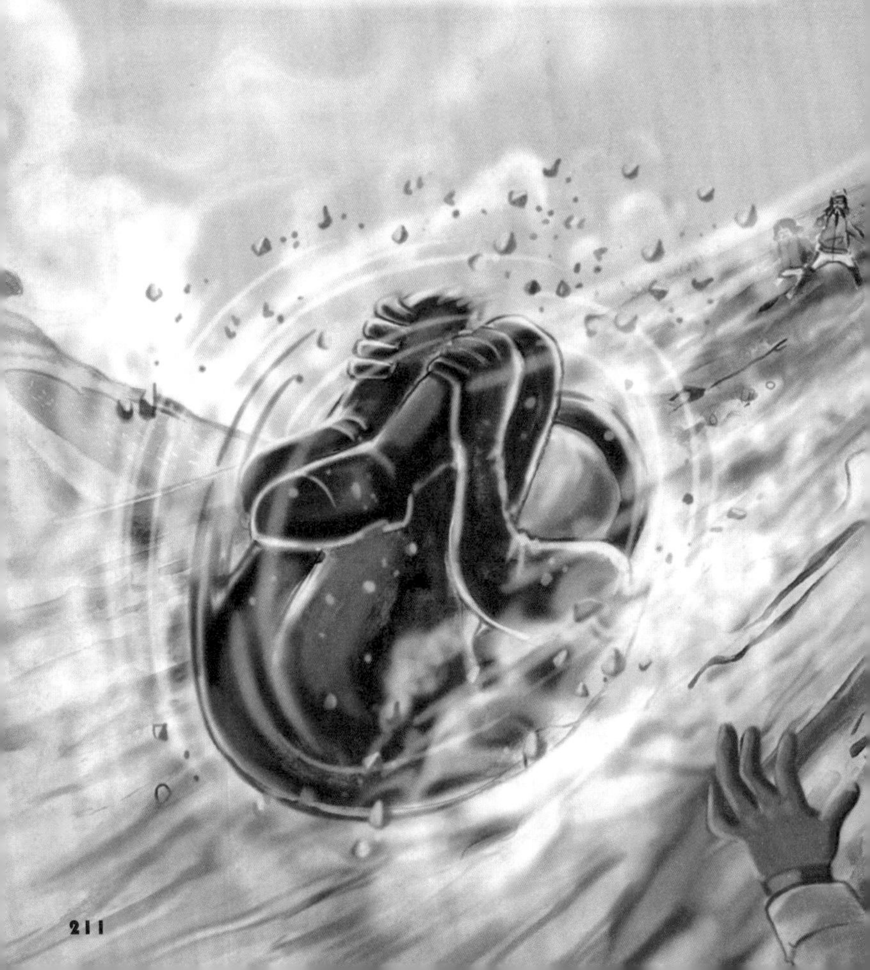

不管是否骨折或是滿身是血你都不會停下來

根據日本靜岡縣和山梨縣的官方統計可得知，**二〇一一至二〇二〇這十年，總共有八十一人死於富士山。**其中有六十人是在非夏季死亡，其中，富士山冬天時的情況尤其嚴峻。冬天死亡事故中，最常見的原因是失足跌落到山底。如果從富士山山頂踩空，滾落到覆蓋著白雪的斜坡會發生什麼事情呢？在漫畫中，應該會變成雪人，並且會愈滾愈大顆，但是現實卻殘酷得多。

富士山的斜坡在冬天時幾乎都被雪覆蓋，但是山上的雪和平地上看到的雪完全不同。**富士山的斜坡就像是傾斜的溜冰場一樣**，強風把所有蓬鬆的雪都吹走，剩下的雪則在微弱的陽光下，反覆地急遽融化和結凍，所以一般登山用的鞋子底下通常都會裝上冰爪，避免被黏住。

如果在這種狀態下滑倒，會發生什麼事，相信是顯而易見的吧？怎麼可能會滾成雪球。

在硬邦邦的冰塊斜坡上，你的身體會開始高速下山。據一位登山家透露，**停下來的機會只有一開始準備加速前的瞬間。如果錯過那一刻，就會從山頂滑到五合目。**雖說如此，能夠抵達五合目停下來，還算是幸運。富士山的斜坡上有許多裸露的岩石，滑倒的你無法躲開這些岩石。滑倒後艱難生還的人類，他們的經驗談相當壯烈，像是**滿臉的血、到處都是骨折、頭部**

※1奧林帕斯山：位於火星，海拔兩萬五千公尺的山。

遭到撞擊導致的意識障礙。而且他們的共同點是，對不斷往下滑的恐懼。一旦開始往下滑，就只能聽天由命了。實際上，運氣好的話，也有最後只有輕微擦傷的案例。不過，即使受傷，在冰坡上滑落的身體也不會停下來。**請試著想像一下，一邊感受到手腳骨折劇痛，一邊品味身體完全沒有減速的恐怖和孤獨感。**

可怕的是，無論是失去意識還是性命，都會繼續往下滑。據說，失足滑落的事故中死亡的遺體，大部分的頭部、胸部、腹部都有損傷。**如果運氣不好，這些部位撞到岩石上，應該很難可以救活。**

然而，你依然繼續往下滑。你用力地撞上岩石，身體的形狀逐漸改變，最終在好幾百公尺遠的地方發現性別不明的屍體。**留下的可能不是雪人，而是被白雪覆蓋、血肉模糊的肉球。**

就算你幸運地只在骨折的情況下就停下來，之後幾乎也不可能靠自己的力量，在冬天從富士山下山。即便你大聲呼救，根據氣候的條件，救援隊或許也沒辦法靠近你的位置。事實上，二〇一二年曾發生過一件令人心痛的事故，有一位滑落後骨折的男性大聲呼救，但由於強風的關係，直升機無法靠近，搜救工作隨著太陽下山而停止，第二天才發現其遺體。

輕裝爬富士山非常危險。或許冬天的山只願意獎勵那些在事前仔細地做好準備，並打起精神面對大自然的人。還有，別忘了穿上VAIENCE SUIT。

只要有VAIENCE SUIT，爬上太陽系第一高山奧林帕斯山※1都不是夢！

如果…

將人體冷凍保存會發生什麼事情？

會像冰淇淋一樣糊成一團！

幻想等級

凡是有生命的生物，總有一天都會迎來死亡。到目前為止，還沒有人能夠逃出死亡的魔掌。不過，人類是非常貪婪的生物，每天都在研究如何避免死亡，所以很有

可能在遙遠的未來，真的會製造出長生不老藥。

但你不用痴痴地等待這樣的未來，只要進入一個漫長、冰冷的睡眠即可。沒錯！就是將人體冷凍保存。**在極低溫的環境下，防止人體組織腐壞，並盡量將身體和大腦完整保存的技術稱為「人體冷凍學（Cryonics）」**，現在正成為一項優秀的事業。在美國、英國、加拿大、澳洲、德國、中國、俄羅斯等地都已經開始實行人體冷凍保存。如何？你要不要也來冷凍一下呀？

究竟將來你會不會以本來的樣子醒來

接下來，讓我們來了解一下人體冷凍學是如何進行的。

現行法律不允許冷凍活著的人體，因此，第一階段是取得醫生的死亡證明。之後將整個遺體泡在大量的冰水中進行冷卻處理，最大限度地降低微生物和細菌分解人體組織的速度。同時使用人工呼吸器收縮肺部，藉由血液循環使血液在體內循環。如此一來，就能減緩身體的腐敗速度。

接著，同時從血管中注入抑制人體機能的抑制劑和麻醉藥後，進一步使血液循環，並慢慢地將血液替換成保存液。待完全替換成保存液後，使用液氮以每小時〇・五度的速度逐漸降溫，直到達到完全停止生物體變化的零下一百九十六度。總共需要一週左右的時間，才會達到零下一百九十六度。該狀態稱為「玻璃化」，之後將身體放入保存人體用的容器中即可。再來是在連夢都沒有的沉睡中等待未來的復活。叫醒你的不是王子的親吻，而是未來最頂尖的科學技術——VAIENCE KISS。

怎麼樣？你是不是在想這也太簡單？

但事實並非如此簡單，人體冷凍學尚有許多未解決的問題。

首先是腦細胞，腦細胞非常脆弱，不知道能

完全保存多久。畢竟在常溫下，單純只是在四到六分鐘內缺乏足夠的氧氣和血液量，大腦就會受到無法修復的傷害。

有不少腦外科醫生都表示，沒有人知道在超低溫之下，人類的大腦會發生什麼事情。科學作家邁克爾・謝爾默以冷凍草莓解凍後質地會變得像鼻涕一樣黏稠為例，**在恢復到常溫時，大腦和身體的一部分可能會變成冰淇淋狀一樣流失。**

此外，加拿大麥基爾大學的邁克爾・亨德里克斯博士表示，將冷凍的人體復活的技術「原則上並不存在」。根據博士的說法，**就算恢復意識，也會重生為一個嶄新的人，無法取回入睡前的記憶。**

然而，人類就是那種，想到的事情不做就無法善罷甘休的生物。當然，也有人支持人體冷凍學。擔任美國人體冷凍學研究所所長的丹尼斯・科沃斯基就表示，無論成功與否，都值得冒這個險。

目前沒有人知道，那些躺在避難所進入冷凍睡眠的人所等待的是，使生命復甦的夢幻技術，還是怪異的結局。

順便介紹一下冷凍人體的費用，在美國阿爾科生命延續基金，冷凍全身是二十萬美元，只有頭部的話是八萬美元。同樣是在美國，人體冷凍研究所適用人壽保險，大約只要兩百八十萬日圓就能冷凍保存。

看來，冷凍人體意外地也沒有那麼糟糕。

目前冷凍保存的人類中，最年輕的是泰國兩歲少女馬瑟恩（Matheryn Naovaratpong）。

- https://www.cfa.harvard.edu/seuforum/faq.htm
- https://medium.com/starts-with-a-bang/ask-ethan-is-the-universe-infinite-or-finite-ec032624dd61
- https://www.youtube.com/watch?v=oCK5oGmRtxQ
- https://www.britannica.com/science/cosmology-astronomy/The-Einstein-de-Sitter-universe
- https://www.space.com/34928-the-universe-is-flat-now-what.html
- http://www.esa.int/Science_Exploration/Space_Science/Is_the_Universe_finite_or_infinite_An_interview_with_Joseph_Silk
- https://www.kahaku.go.jp/exhibitions/vm/resource/tenmon/space/theory/theory02.html

8 如果參宿四發生超新星爆炸會發生什麼事情？

- http://curious.astro.cornell.edu/about-us/51-our-solar-system/the-sun/birth-death-and-evolution-of-the-sun/167-how-do-you-calculate-the-lifetime-of-the-sun-advanced
- https://iopscience.iop.org/article/10.3847/0004-637X/819/1/7/pdf
- https://www.spiedigitallibrary.org/conference-proceedings-of-spie/11490/2568900/Betelgeuse-scope--single-mode-fibers-assisted-optical-interferometer-design/10.1117/12.2568900.short?SSO=1&tab=ArticleLink
- https://www.nationalgeographic.com/science/article/betelgeuse-is-acting-strange-astronomers-are-buzzing-about-supernova
- https://iopscience.iop.org/article/10.3847/1538-4357/abb8db
- https://arxiv.org/pdf/1009.5550.pdf
- https://www.nature.com/articles/nphys172
- https://arxiv.org/ftp/astro-ph/papers/0601/0601261.pdf
- https://astronomy.com/news/2020/02/when-betelgeuse-goes-supernova-what-will-it-look-like-from-earth

9 如果發現太陽系第九顆行星會發生什麼事情？

- https://solarsystem.nasa.gov/planets/dwarf-planets/pluto/overview/
- https://www.nature.com/articles/nature13156
- https://iopscience.iop.org/article/10.3847/0004-6256/151/2/22/pdf
- https://hubblesite.org/contents/news-releases/2007/news-2007-27.html
- https://arxiv.org/pdf/2108.09868.pdf
- https://www.universetoday.com/146283/maybe-the-elusive-planet-9-doesnt-exist-after-all/
- https://iopscience.iop.org/article/10.3847/PSJ/abe53e/pdf

10 如果掉到太陽上會發生什麼事情？

- https://www.pveducation.org/pvcdrom/properties-of-sunlight/solar-radiation-in-space
- https://web.archive.org/web/20041118125616/https://history.nasa.gov/SP-402/p2.htm
- https://solarscience.msfc.nasa.gov/interior.shtml
- https://www.sws.bom.gov.au/Educational/2/1/11
- https://civilizationsfuture.com/joules/
- http://adsabs.harvard.edu/full/1992ApJ...401..759M

第2章 生物幻想

1 如果森蚺打結會發生什麼事情？

- https://nationalzoo.si.edu/animals/green-anaconda
- https://www.nationalgeographic.com/animals/reptiles/facts/green-anaconda
- Simberloff, Daniel. "RN Reed and GH Rodda (eds): Giant constrictors: biological and management profiles and an establishment risk assessment for nine large species of pythons, anacondas, and the boa constrictor." (2010): 2375-2377.
- http://www.rakuwa.or.jp/otowa/shinryoka/seikei/sekitsui_shikumi.html
- http://www.kameda.com/patient/topic/spinal/02/index.html
- https://www.britannica.com/animal/boa-snake-family
- https://www.sekitsui.com/function/anatomy/
- https://www.nationalgeographic.com/animals/article/anacondas-sex-death-brazil-mating

2 如果蟑螂在地球上消失會發生什麼事情？

- https://www.afpbb.com/articles/-/3183993
- Bell, William J., Louis M. Roth, and Christine A. Nalepa. Cockroaches: ecology, behavior, and natural history. JHU Press, 2007.
- Youngsteadt, Elsa, et al. "Do cities simulate climate change? A

第1章 宇宙幻想

1 如果掉到木星上會發生什麼事情？

- https://www.pnas.org/content/114/26/6712
- http://www.igpp.ucla.edu/people/mkivelson/Publications/279-Ch24.pdf
- https://www.nature.com/articles/41718
- https://iopscience.iop.org/article/10.3847/0004-637X/820/1/80/pdf
- https://arxiv.org/pdf/1608.02685.pdf
- https://www.nature.com/articles/s41586-019-1470-2

2 如果掉到天王星上會發生什麼事情？

- https://www.nature.com/articles/s41550-018-0432-1
- https://www.nature.com/articles/nature02376
- https://voyager.jpl.nasa.gov/mission/science/uranus/
- https://arxiv.org/pdf/1503.03714.pdf
- https://pubs.acs.org/doi/abs/10.1021/acs.jpca.1c00591
- https://www.nature.com/articles/292435a0
- https://link.springer.com/article/10.1007%2Fs11214-020-00660-3

3 如果利用放屁飛向宇宙會發生什麼事情？

- http://dlibra.umcs.lublin.pl/Content/22022/PDF/czas16364_68_20 13_5.pdf
- https://www.grc.nasa.gov/www/k-12/rocket/newton3r.html
- https://www.britannica.com/science/mechanics/Conservation-of-momentum
- https://www.sciencedirect.com/science/article/abs/pii/0032063389900305?via%3Dihub
- https://hypertextbook.com/facts/2006/centerofmass.shtml
- https://www.grc.nasa.gov/www/k-12/airplane/mach.html

4 如果直接以肉身飛到宇宙會發生什麼事情？

- https://www.wemjournal.org/article/S1080-6032(20)30165-4/fulltext
- https://personal.ems.psu.edu/~bannon/moledyn.html
- https://sitn.hms.harvard.edu/flash/2013/space-human-body/
- https://pubmed.ncbi.nlm.nih.gov/23447845/
- https://ntrs.nasa.gov/api/citations/19660005052/downloads/19660005052.pdf
- https://physics.stackexchange.com/questions/67503/how-fast-would-body-temperature-go-down-in-space
- https://www.hq.nasa.gov/alsj/ApolloFlags-Condition.html

5 如果地球被黑洞吸進去會發生什麼事情？

- https://science.nasa.gov/astrophysics/focus-areas/black-holes
- https://medium.com/carre4/if-the-sun-is-replaced-by-a-black-hole-what-happens-ce24a2b2ba60
- https://www.nasa.gov/vision/universe/starsgalaxies/Black_Hole.html
- https://www.stat.go.jp/data/kokusei/2010/final/pdf/r07-06.pdf
- https://www.discovermagazine.com/the-sciences/what-to-expect-if-earth-ever-falls-into-a-black-hole
- https://theconversation.com/what-would-happen-if-earth-fell-into-a-black-hole-53719
- https://whatifshow.com/what-if-earth-were-sucked-into-black-hole/

6 如果發生宇宙的終結「大擠壓」會發生什麼事情？

- https://wmap.gsfc.nasa.gov/universe/uni_age.html
- https://www.nature.com/articles/d41586-020-02338-w
- https://arxiv.org/pdf/astro-ph/0107571.pdf
- https://www.nature.com/articles/d41586-020-03201-8
- https://arxiv.org/pdf/2011.11254.pdf
- http://curious.astro.cornell.edu/our-solar-system/104-the-universe/cosmology-and-the-big-bang/expansion-of-the-universe/609-what-would-the-big-crunch-look-like-to-an-observer-on-earth-advanced
- https://solarsystem.nasa.gov/basics/solartemperature/

7 如果前往宇宙的盡頭會發生什麼事情？

- https://www.space.com/universe-age-14-billion-years-old
- https://www.space.com/24073-how-big-is-the-universe.html
- https://www.loc.gov/everyday-mysteries/item/what-does-it-mean-when-they-say-the-universe-is-expanding/

about-kids-eating-worms-and-slugs_uk_5be00b84e4b04367a87e3661
- https://www.nationalgeographic.com/science/article/dont-eat-slugs-snails-rat-lungworm-brain-parasite-health-science
- https://www.niid.go.jp/niid/ja/kansennohanashi/384-kanton-intro.html
- https://wwwnc.cdc.gov/travel/yellowbook/2020/travel-related-infectious-diseases/angiostrongyliasis-neurologic

⑦ 如果隱魚寄生在人類的屁眼會發生什麼事情？

- https://www.ncbi.nlm.nih.gov/pmc/articles/PMC3267241/
- https://journals.lww.com/amjforensicmedicine/Abstract/1987/08020/Rectal_Impaction_Following_Enema_with_Concrete_Mix.19.aspx
- https://www.globaltimes.cn/page/202107/1229761.shtml
- https://www.ncbi.nlm.nih.gov/pmc/articles/PMC1980742/
- https://www.fishbase.de/summary/FamilySummary.php?ID=187
- https://www.ingentaconnect.com/content/umrsmas/bullmar/1990/00000047/00000002/art00001#
- https://link.springer.com/article/10.1007/s00227-004-1467-7
- https://www.researchgate.net/publication/225571877_Further_insight_on_carapid-holothuroid_relationship
- https://www.australiangeographic.com.au/blogs/creatura-blog/2014/08/pearlfish-lives-in-sea-cucumber-anus/
- https://animaldiversity.org/accounts/Amphiprion_ocellaris/
- https://www.ncbi.nlm.nih.gov/pmc/articles/PMC5433529/
- https://link.springer.com/article/10.1007%2Fs00049-014-0152-7
- https://citeseerx.ist.psu.edu/viewdoc/download?doi=10.1.1.1071.2883&rep=rep1&type=pdf
- https://www.semanticscholar.org/paper/The-symbiotic-relationship-between-Sea-cucumbers-(-Luciano-Lyman/ec0255c3d87137e9c299f2118ff47a624687421c
- https://docplayer.net/33238967-The-symbiotic-relationship-between-sea-cucumbers-holothuriidae-and-pearlfish-carapidae.html
- https://www.australiangeographic.com.au/blogs/creatura-blog/2014/08/pearlfish-lives-in-sea-cucumber-anus/
- https://www.nationalgeographic.com/science/article/how-this-fish-survives-in-a-sea-cucumbers-bum
- https://www.healthline.com/health/diet-and-weight-loss/tapeworm-diet
- https://muschealth.org/medical-services/ddc/patients/digestive-diseases/colon-and-rectum/anal-stenosis
- https://www.hopkinsmedicine.org/health/conditions-and-diseases/gas-in-the-digestive-tract
- https://marineworld.hiyoriyama.co.jp/%E3%83%A0%E3%83%84%E3%82%B4%E3%83%AD%E3%82%A6.html
- https://fishesofaustralia.net.au/home/family/221
- https://www.ingentaconnect.com/content/umrsmas/bullmar/1981/00000031/00000003/art00013#
- https://www.healthline.com/health/gastrointestinal-perforation
- https://necsi.edu/parasitic-relationships
- https://docplayer.net/33238967-The-symbiotic-relationship-between-sea-cucumbers-holothuriidae-and-pearlfish-carapidae.html
- https://www.healthline.com/health/defecation-reflex
- https://www.researchgate.net/publication/262726967_Comparison_between_15_Carapus_mourlani_in_a_Single_Holothurian_and_19_C_mourlani_from_Starfish
- https://www.jstor.org/stable/1443286?origin=crossref

⑧ 如果猛獁象在現代復活會發生什麼事情？

- Willerslev, Eske, et al. "Fifty thousand years of Arctic vegetation and megafaunal diet." Nature 506.7486 (2014): 47-51.
- Michael Greshko "Mammoth-elephant hybrids could be created within the decade. Should they be?" National Geographic (2021)
- Carl Zimmer "A New Company With a Wild Mission: Bring Back the Woolly Mammoth" The New York Times (2021)
- Zimov, N. S., et al. "Carbon storage in permafrost and soils of the mammoth tundra-steppe biome: Role in the global carbon budget." Geophysical Research Letters 36.2 (2009).
- Zimov, Sergey A., et al. "Mammoth steppe: a high-productivity phenomenon." Quaternary Science Reviews 57 (2012): 26-45.
- Beer, Christian, et al. "Protection of permafrost soils from thawing by increasing herbivore density." Scientific reports 10.1 (2020): 1-10.
- Denis Sneguirev, "Back to the Ice Age - The Zimov Hypothesis" Arturo Mio, 13 Productions, ARTE France, Ushuaïa TV, Take Five (2021)

⑨ 如果被鯨魚吞下肚會發生什麼事情？

- 『日本動物大百科 第2巻 哺乳類II』(平凡社)
- 『Newton別冊改訂版 動物の不思議』(ニュートンプレス)

comparison of herbivore response to urban and global warming." Global change biology 21.1 (2015): 97-105.
- 『ゴキブリ大全』青土社
- Uehara, Yasuhiro, and Naoto Sugiura. "Cockroach-mediated seed dispersal in Monotropastrum humile (Ericaceae): a new mutualistic mechanism." Botanical Journal of the Linnean Society 185.1 (2017): 113-118.
- Pellens, Roseli, and Philippe Grandcolas. "The conservation-refugium value of small and disturbed Brazilian Atlantic forest fragments for the endemic ovoviviparous cockroach Monastria biguttata (Insecta: Dictyoptera, Blaberidae, Blaberinae)." Zoological science 24.1 (2007): 11-19.
- Schapheer, Constanza, Roseli Pellens, and Rosa Scherson. "Arthropod-Microbiota Integration: Its Importance for Ecosystem Conservation." Frontiers in microbiology 12 (2021): 2094.

③ 如果將一大群食人魚放入游泳池中會發生什麼事情？

- 『ゆるゆるアマゾン図鑑』(学研)
- 『ザ・ピラニア』(誠文堂新光社)
- 『知ってるかな? ピラニアの生活』(旺文社)
- 『本当にいる世界の超危険生物大図鑑』(笠倉出版社)
- 『戦う水中生物大百科 最強王決定戦』(西東社)
- 『何が怖い? どこが危ない? 危険生物を知ろう!1』(教育画劇)
- https://edition.cnn.com/2013/12/26/world/americas/argentina-fish-attack/index.html#:~:text=About%2070%20people%20were%20injured,No%20one%20was%20killed.
- https://www.bbc.com/news/world-latin-america-31146236
- https://www.independent.co.uk/climate-change/news/piranha-attacks-on-swimmers-in-brazil-leave-over-50-people-injured-as-droughts-force-the-lethal-predators-to-migrate-to-deeper-waters-a6877616.html

④ 如果人類是無性生殖會發生什麼事情？

- https://www.ncbi.nlm.nih.gov/pmc/articles/PMC2390672/
- https://www.nature.com/articles/4441021a#
- https://www.nature.com/articles/nature02402
- https://www.sciencedirect.com/science/article/abs/pii/S0147619X9991421X?via%3Dihub
- https://www.tandfonline.com/doi/full/10.1080/03014460.2019.16877 52
- https://www.sciencedaily.com/releases/2009/04/090415075148.htm
- https://web.archive.org/web/20180821194641/https://www.apsnet.org/publications/apsnetfeatures/Pages/PanamaDiseasePart1.aspx

⑤ 如果感染食腦變形蟲會發生什麼事情？

- https://necsi.edu/parasitic-relationships
- https://www.cambridge.org/core/journals/epidemiology-and-infection/article/epidemiology-of-primary-amoebic-meningoencephalitis-in-the-usa-19622008/1CADA8AB942359501CCD94BA032B4DF5
- https://www.cdc.gov/parasites/naegleria/illness.html
- https://www.cdc.gov/parasites/naegleria/pathogen.html
- https://academic.oup.com/cid/article/73/1/e19/5830738?login=true
- https://www.who.int/news-room/fact-sheets/detail/drowning
- https://www.cdc.gov/parasites/naegleria/general.html
- https://www.ncbi.nlm.nih.gov/pmc/articles/PMC372708/
- http://idsc.nih.go.jp/iasr/18/207/dj2077.html
- https://www.theatlantic.com/science/archive/2019/07/how-brain-eating-amoeba-kills/594964/
- https://www.ncbi.nlm.nih.gov/pmc/articles/PMC7179828/
- https://academic.oup.com/femspd/article/51/2/243/888715
- https://www.ncbi.nlm.nih.gov/pmc/articles/PMC5100007/
- https://www.outsideonline.com/outdoor-adventure/water-activities/we-may-have-cure-brain-eating-amoeba/
- https://www.ncbi.nlm.nih.gov/pmc/articles/PMC6616161/
- https://www.sciencedirect.com/science/article/abs/pii/S0001706X15001199?via%3Dihub
- https://neuropathology-web.org/chapter14/chapter14CSF.html
- https://academic.oup.com/cid/article/66/4/548/4161734?login=true
- https://www.ncbi.nlm.nih.gov/pmc/articles/PMC4604384/
- https://academic.oup.com/cid/article/62/6/774/2462791

⑥ 如果生吃蛞蝓會發生什麼事情？

- https://www.sc-engei.co.jp/resolution/pestanddisease/photolist/details/1260.html?showtab=1
- http://hotozero.com/knowledge/animals_002/
- https://edition.cnn.com/2018/11/05/health/man-dies-after-eating-slug-on-dare/index.html
- https://www.huffingtonpost.co.uk/entry/should-parents-be-worried-

- https://www.space.com/17638-how-big-is-earth.html
- https://www.nationalgeographic.org/encyclopedia/core/
- https://image.gsfc.nasa.gov/poetry/ask/a10840.html
- https://www.latlong.net/place/tokyo-japan-8040.html

3 如果地球的重力提高到十倍會發生什麼事情？

- https://nasaviz.gsfc.nasa.gov/11234
- https://skybrary.aero/articles/g-induced-impairment-and-risk-g-loc
- https://aapt.scitation.org/doi/abs/10.1119/1.5124276?journalCode=pte
- https://arxiv.org/pdf/1808.07417.pdf
- https://www.frontiersin.org/articles/10.3389/fspas.2016.00026/full
- http://www.uphysicsc.com/2012-GM-A-449.PDF
- https://academic.oup.com/mnras/article/473/1/295/4160101

4 如果地球的臭氧層消失會發生什麼事情？

- https://www.nasa.gov/topics/earth/features/world_avoided.html
- https://www.science.org/doi/10.1126/science.aae0061
- https://www.who.int/news-room/questions-and-answers/item/radiation-ultraviolet-(uv)
- https://link.springer.com/article/10.1007/s11160-020-09603-1
- https://onlinelibrary.wiley.com/doi/full/10.1111/j.1466-8238.2012.00784.x
- https://academic.oup.com/jxb/article/49/328/1775/516230?login=false
- https://csl.noaa.gov/assessments/ozone/2010/twentyquestions/Q2.pdf

5 如果遭到電磁脈衝的攻擊會發生什麼事情？

- https://www.thespacereview.com/article/1549/1
- http://ece-research.unm.edu/summa/notes/SDAN/0031.pdf
- https://www.popsci.com/story/environment/why-us-lose-power-storms/
- https://www.ucl.ac.uk/risk-disaster-reduction/sites/risk-disaster-reduction/files/report_power_failures.pdf
- https://www.nationalgeographic.com/science/article/earth-magnetic-field-flip-poles-spinning-magnet-alanna-mitchell

6 如果地球上的海水都變成淡水會發生什麼事情？

- https://www.jstage.jst.go.jp/article/rikusui1931/42/2/42_2_108/_pdf/-char/en
- https://www.nationalgeographic.org/media/the-mangrove-ecosystem/
- https://www.americanoceans.org/facts/how-much-salt-in-ocean/
- https://www.cdc.gov/healthywater/global/wash_statistics.html
- https://www.unm.edu/~toolson/salmon_osmoregulation.html
- https://eprints.ucm.es/id/eprint/32657/1/robinson10postprint.pdf
- https://www.scienceabc.com/nature/world-oceans-become-freshwater.html
- https://www.sciencefocus.com/planet-earth/what-would-happen-if-all-the-salt-in-the-oceans-suddenly-disappeared/

7 如果富士山噴發會發生什麼事情？

- https://www.japantimes.co.jp/news/2020/01/03/national/300-years-majestic-mount-fuji-standby-next-eruption/
- http://www.asahi.com/ajw/articles/13262900
- https://mainichi.jp/english/articles/20200331/p2a/00m/0na/004000c
- https://sakuya.vulcania.jp/koyama/public_html/Fuji/fujid/0index.html
- https://www.sciencedirect.com/science/article/pii/S1474706511001112?via%3Dihub

8 如果磁極反轉會發生什麼事情？

- https://academiccommons.columbia.edu/doi/10.7916/D8G450SZ
- https://www.epa.gov/radtown/cosmic-radiation
- https://www.nature.com/articles/377203a0
- https://www.science.org/doi/10.1126/sciadv.aaw4621
- https://www.nature.com/articles/nature02459
- https://academic.oup.com/gji/article/199/2/1110/618671

第 4 章 人類幻想

1 如果人類不刷牙會發生什麼事情？

- https://jacksonsmilestn.com/blog/never-get-cavities/
- https://goldhilldentistry.com/cracking-the-truth-about-tartar/
- https://www.ncbi.nlm.nih.gov/pmc/articles/PMC5944123/
- https://journals.asm.org/doi/full/10.1128/CMR.13.4.547
- https://www.ncbi.nlm.nih.gov/pmc/articles/PMC3530710/
- https://www.nature.com/articles/s41598-021-93062-6
- https://link.springer.com/article/10.1007/s00784-018-2523-x
- 『海の動物百科1 哺乳類』(朝倉書店)
- https://www.nationalgeographic.co.uk/animals/2021/06/humpback-whales-cant-swallow-a-human-heres-why
- Whitehead, Hal. "Sperm whale: Physeter macrocephalus." Encyclopedia of marine mammals. Academic Press, (2018): 919-925.
- Huggenberger, Stefan, Michel André, and Helmut HA Oelschlaeger. "The nose of the sperm whale: overviews of functional design, structural homologies and evolution." Journal of the Marine Biological Association of the United Kingdom 96.4, (2016): 783-806.
- 『海獣学者、クジラを解剖する 海の哺乳類の死体が教えてくれること』(山と溪谷社)

10 如果被鯊魚吃掉會發生什麼事情？

- Alcober, Oscar A., and Ricardo N. Martinez. "A new herrerasaurid (Dinosauria, Saurischia) from the Upper Triassic Ischigualasto formation of northwestern Argentina." ZooKeys 63 (2010): 55.
- https://www.britannica.com/animal/white-shark
- https://www.floridamuseum.ufl.edu/shark-attacks/factors/species-implicated/
- https://ocean.si.edu/ocean-life/sharks-rays/built-speed
- Klimley, A. Peter, et al. "The hunting strategy of white sharks (Carcharodon carcharias) near a seal colony." Marine Biology 138.3 (2001): 617-636.
- https://www.nationalgeographic.com/animals/article/120315-crocodiles-bite-force-erickson-science-plos-one-strongest
- Compagno, Leonard JV. Sharks of the world: an annotated and illustrated catalogue of shark species known to date. No. 1. Food & Agriculture Org., 2001.

11 如果被暴龍吃掉會發生什麼事情？

- Bell, Phil R., et al. "Tyrannosauroid integument reveals conflicting patterns of gigantism and feather evolution." Biology letters 13.6 (2017): 20170092.
- Woodward, Holly N. "Paleontologists are unraveling the mysteries of young T. rexes. Creatures they thought were 2 species turned out to be kids and adults."
  Insider Jan 2, 2020 (2020).
- Sellers, William I., et al. "Investigating the running abilities of Tyrannosaurus rex using stress-constrained multibody dynamic analysis." PeerJ 5 (2017): e3420.
- Woodward, Holly N., et al. "Growing up Tyrannosaurus rex: Osteohistology refutes the pygmy "Nanotyrannus" and supports ontogenetic niche partitioning in juvenile Tyrannosaurus." Science Advances 6.1 (2020): eaax6250.
- Cost, Ian N., et al. "Palatal biomechanics and its significance for cranial kinesis in Tyrannosaurus rex." The Anatomical Record 303.4 (2020): 999-1017.
- Smith, Joshua B. "Heterodonty in Tyrannosaurus rex: implications for the taxonomic and systematic utility of theropod dentitions." Journal of Vertebrate Paleontology 25.4 (2005): 865-887.
- Brochu, Christopher A. "Osteology of Tyrannosaurus rex: insights from a nearly complete skeleton and high-resolution computed tomographic analysis of the skull." Journal of Vertebrate Paleontology 22.sup4 (2003): 1-138.

第 3 章 地球幻想

1 如果地球變成一整塊黃金會發生什麼事情？

- https://www.pnas.org/content/118/4/e2026110118
- https://www.nature.com/articles/nature04763
- https://www.researchgate.net/publication/7004632_Accretion_of_the_Earth_and_segregation_of_its_core
- https://www.sciencedirect.com/science/article/abs/pii/S0042207X21007594?dgcid=rss_sd_all
- https://www.researchgate.net/publication/233030327_Pressure-volume-temperature_equations_of_state_of_Au_and_Pt_up_to_300_GPa_and_3000_K_Internally_consistent_pressure_scales
- https://journals.aps.org/prb/abstract/10.1103/PhysRevB.80.104114
- https://agupubs.onlinelibrary.wiley.com/doi/full/10.1002/2015GC006210

2 如果挖一個從日本直達巴西的通道並跳進去會發生什麼事情？

- https://www.arukikata.co.jp/country/BR/info/flight.html

COLUMN

被雷擊中時的存活法

- http://www.kakunin-design.info/contents/lightning/data/
- http://www.jma.go.jp/jma/kishou/know/toppuu/thunder1-4.html
- http://www.med.teikyo-u.ac.jp/~dangan/MANUAL/Burn/Electrical/lightburn.htm
- https://www.franklinjapan.jp/raiburari/knowledge/safety/64/

在進入四維空間後的存活法

- https://www.s.u-tokyo.ac.jp/ja/story/newsletter/keywords/10/04.html
- https://www.askamathematician.com/2014/11/q-can-a-human-being-survive-in-the-fourth-dimension/

從飛行中的客機上墜落時的存活法

- https://www.statista.com/statistics/564769/airline-industry-number-of-flights/#:~:text=Global%20air%20traffic%20%2D%20number%20of%20flights%202004%2D2021&text=The%20number%20of%20flights%20performed,reached%2038.9%20million%20in%202019.
- https://lumens.blog.fc2.com/blog-entry-28.html
- https://www.popularmechanics.com/adventure/outdoors/a35340487/how-to-fall-from-a-plane-and-survive/

2 如果人類不睡覺會發生什麼事情？

- https://www.news.com.au/technology/online/social/how-the-russian-sleep-experiment-became-a-global-phenomenon/news-story/b1705cc2fb46082e98ea13581ec4be0a
- https://www.ncbi.nlm.nih.gov/pmc/articles/PMC1739867/pdf/v057p00649.pdf
- https://www.ncbi.nlm.nih.gov/pmc/articles/PMC7479871/
- https://pubmed.ncbi.nlm.nih.gov/10718074/
- https://www.sleepdex.org/microsleep.htm
- https://www.bbc.com/future/article/20180118-the-boy-who-stayed-awake-for-11-days
- https://pubmed.ncbi.nlm.nih.gov/2928622/

3 如果人類沒有痛覺會發生什麼事情？

- https://www.ncbi.nlm.nih.gov/books/NBK481553/
- https://www.bjanaesthesia.org/article/S0007-0912(19)30138-2/fulltext
- https://www.kare11.com/article/news/girl-who-cant-feel-pain-battling-insurance-company/89-557702857
- https://people.stfx.ca/jmckenna/P430%20Student%20Docs/History/Term1/Nov.%2017%20Papers/Congen-Insens.pdf
- https://onlinelibrary.wiley.com/doi/10.1002/ana.410240109
- https://www.ncbi.nlm.nih.gov/pmc/articles/PMC7658103/

4 如果以光速拉屎會發生什麼事情？

- https://www.minamitohoku.or.jp/up/news/1pointreha/1pointreha62.htm
- https://www.pref.kanagawa.jp/sys/eiken/014_kids/14_infection_013.htm
- https://www.news-postseven.com/archives/20160914_446764.html?DETAIL
- https://docs.python.org/3/tutorial/floatingpoint.html
- https://what-if.xkcd.com/20/
- https://earthsky.org/space/what-is-the-most-distant-man-made-object-from-earth/

5 如果人類能夠活用百分之百的大腦會發生什麼事情？

- https://staff.aist.go.jp/y-ichisugi/rapid-memo/brain-computer.html
- https://www.scientificamerican.com/article/do-people-only-use-10-percent-of-their-brains/
- https://www.kyoto-u.ac.jp/ja/research-news/2017-08-31-0
- https://www.abeseika.co.jp/topics/detail/11
- https://www.jaam.jp/dictionary/dictionary/word/0604.html
- https://www.riken.jp/press/2014/20140723_1/
- https://www.u-tokyo.ac.jp/focus/ja/articles/a_00372.html
- https://www.riken.jp/press/2012/20121128/
- https://www.riken.jp/press/2017/20170508_1/

6 如果人類一直泡在水中會發生什麼事情？

- https://link.springer.com/article/10.1007%2Fs10286-004-0172-4
- https://diveshack.uk.com/world-record-scuba-dive/
- https://onlinelibrary.wiley.com/doi/abs/10.1111/j.1600-0536.1999.tb06990.x
- https://www.nih.gov/news-events/nih-research-matters/skin-microbes-immune-response
- https://onlinelibrary.wiley.com/doi/abs/10.1111/cod.13174
- https://www.odditycentral.com/videos/what-10-days-underwater-can-do-to-your-hands.html
- https://bonesdontlie.wordpress.com/2012/10/18/new-morbid-terminology-grave-wax/

7 如果從富士山山頂滾落下來會發生什麼事情？

- https://www.nhk.or.jp/gendai/articles/4365/index.html
- https://www.pref.yamanashi.jp/kankou-sgn/documents/besshi2_2nd.pdf
- https://www.wiredforadventure.com/avoid-winter-hazards-mountains/
- https://www.tampabay.com/features/travel/i-fell-down-a-mountain-while-hiking-the-tour-du-mont-blanc/2297513/
- https://www.bbc.com/news/magazine-12324297
- https://www.researchgate.net/publication/26293826_Mountain_mortality_A_review_of_deaths_that_occur_during_recreational_activities_in_the_mountains

8 如果將人體冷凍保存會發生什麼事情？

- https://www.theguardian.com/science/2015/oct/11/cryonics-booms-in-us

※除了這些之外，也有參考其他的文獻和研究論文。

後記

辛苦了！
看來你安然無恙地從眾多殘酷的人體實驗存活下來了呢！
像是墜落到太陽、遭到暴龍襲擊等等，
從各種「幻想」中生還的經驗，
相信將會為你未來的人生帶來強烈的自信心。

儘管如此，你能順利活下來，都是多虧了有VAIENCE SUIT。
請你也不要太過自信。
而且這次介紹的「幻想」並不是全部。
仍有許多地獄般，
喔不對，天堂般的人體實驗必須克服。

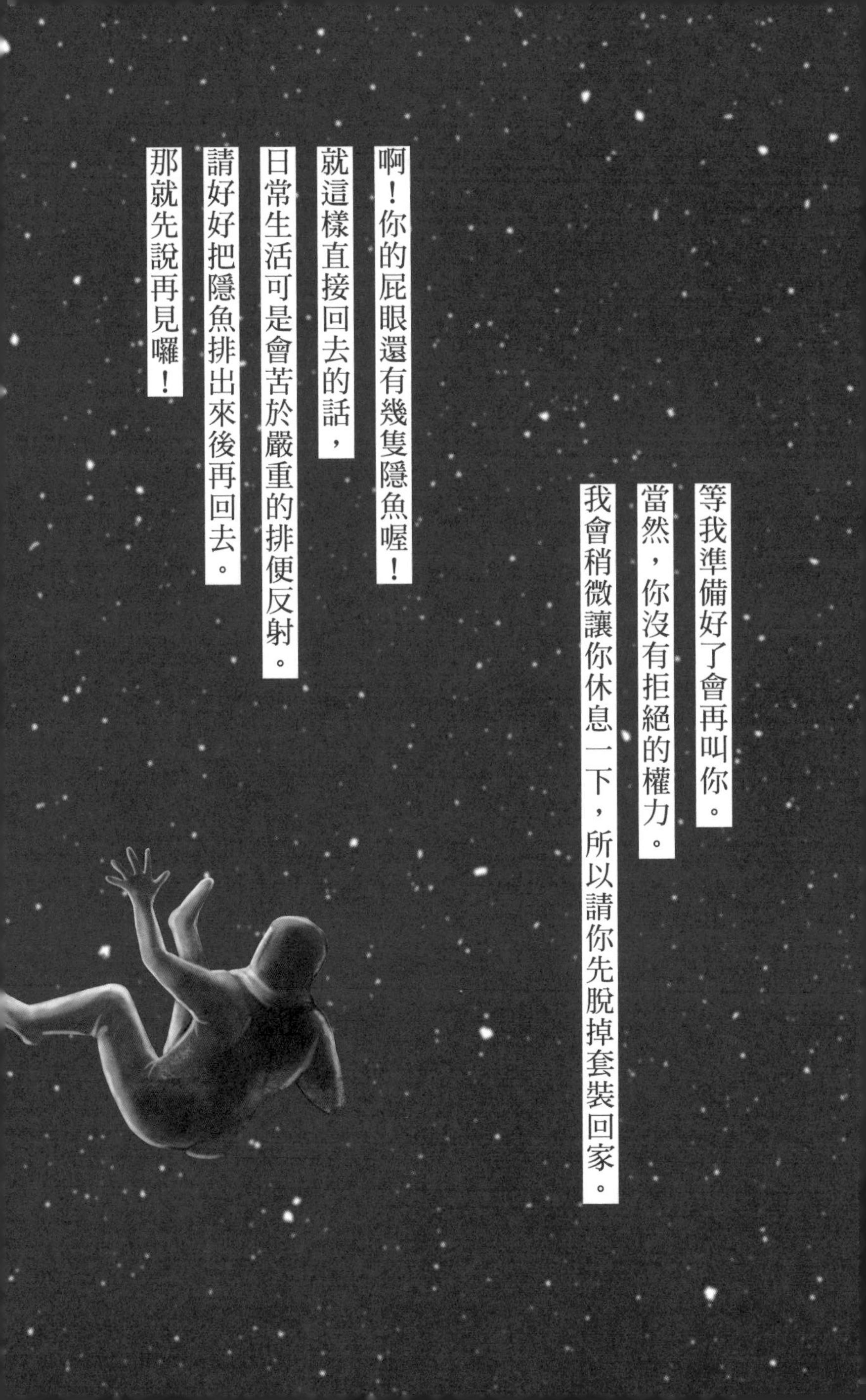
等我準備好了會再叫你。
當然，你沒有拒絕的權力。
我會稍微讓你休息一下，所以請你先脫掉套裝回家。
啊！你的屁眼還有幾隻隱魚喔！
就這樣直接回去的話，
日常生活可是會苦於嚴重的排便反射。
請好好把隱魚排出來後再回去。
那就先說再見囉！

VAIENCE

「經營一個名為「VAIENCE」的YouTube頻道。該頻道相當受到大眾歡迎，其影片主要是以科學的角度來解釋現實不可能存在的「幻想世界」，例如「利用火山處理垃圾會發生什麼事情？」、「掉到馬里亞納海溝最深處會發生什麼事情？」以及紀錄片。截至2023年6月，該頻道追蹤人數為174萬人。

- YouTube:VAIENCE バイエンス
- Twitter:@vaience_com
- TikTok:@vaience
- 個人網站：https://vaience.com

監修 今泉忠明

動物學家。在日本國立科學博物館學習哺乳類的分類學和生態學，並參與日本環境廳「現環境省」的西表山貓生態調查。曾任日本上野動物園的動物解說員等職務，目前在日本奧多摩和富士山的山腳下進行動物研究。

監修 榎戸輝揚

宇宙物理學家，日本東京大學理學博士。輾轉於美國史丹佛大學、NASA戈達德太空飛行中心、京都大學，最後落腳於理化學研究所進行研究。除了天文學外，他作為雷雲計畫（利用公眾科學調查冬雷和雷雲放射的伽馬射線）的主要成員也相當活躍。

插畫 安樂雅志

插畫家。創立個人企劃「鬍子樂圖繪社」，將據點設在日本名古屋。以「日本」為主題繪製懷舊、幽默、扣人心弦的插圖，例如肖像畫、鳥瞰圖、海報、繪本、居酒屋壁畫以及製作招牌等。

幻想科學大全

在想像的世界裡，沒有不可能！

出　　版／楓葉社文化事業有限公司
地　　址／新北市板橋區信義路163巷3號10樓
郵政劃撥／19907596 楓書坊文化出版社
網　　址／www.maplebook.com.tw
電　　話／02-2957-6096
傳　　真／02-2957-6435
作　　者／VAIENCE
監　　修／今泉忠明、榎戶輝揚
插　　畫／安樂雅志
翻　　譯／劉姍珊
責任編輯／邱凱蓉
內文排版／洪浩剛
港澳經銷／泛華發行代理有限公司
定　　價／380元
初版日期／2023年7月

國家圖書館出版品預行編目資料

幻想科學大全：在想像的世界裡，沒有不可能! / VAIENCE 作；劉姍珊譯. -- 初版. -- 新北市：楓葉社文化事業有限公司, 2023.07　面；公分

ISBN 978-986-370-563-5（平裝）

1. 科學 2. 宇宙 3. 通俗作品

300　　112008337